物理

觀念伽利略05 趣味無窮的物理現象

U0076752

人人出版

前言

　　相信有不少人一看到「物理」這個詞，就覺得艱澀難懂而頭痛萬分吧！不過，如果因為這樣的印象就對物理敬而遠之，未免太可惜了。

　　所謂的物理，是一門探索自然界規則的學問。例如，當你搭乘的公車緊急煞車時，你會猛然大力前傾，這是「慣性定律」造成的現象。就像這樣，物理與我們生活中的一切情景息息相關。了解物理，我們觀看世界的眼光便會有所不同，亦能為日常生活平添更多樂趣。

　　本書將以最厲害、最有趣的方式介紹與各種現象有關的物理知識，完全不需要任何複雜困難的計算。輕鬆翻閱本書，轉眼便能理解物理的本質。盡情享受物理的世界吧！

觀念伽利略05　趣味無窮的物理現象

物理

1. 依據簡單的定律了解「物體的運動」

2. 潛藏著巨大力量的「空氣」與「熱」

3. 由「波」引發的不可思議現象

4. 維繫生活的「電」與「磁」

5. 構成萬物的「原子」本質

1. 依據簡單的定律 了解「物體的運動」

一直環繞地球運行的月球、投手投出的棒球、冰壺運動中在冰上滑行的石壺……我們周遭的物體都在做著各式各樣的運動。事實上，這些運動全都依循著幾個簡單的規則。第 1 章將搭配具體的例子，逐一介紹這些支配運動的規則。

1 太空探測器航海家1號 燃料用盡仍繼續飛行

運動中的物體會持續直線前進

首先，我們藉由各式各樣的例子來看看與運動有關的定律吧！假設有一艘太空船在空無一物的太空中飛行，直到某天用完了所有燃料。那麼，這艘太空船是否會在某個時刻完全停止、不再飛行呢？

事實上，太空船既不會停下來也不會轉彎，而會以相同的速率永遠直線向前飛行。例如，NASA於1977年利用火箭發射的太空探測器「航海家1號、2號」（Voyager 1、2），直到現在依舊在太空中航行，持續朝太陽系外側飛去。即使沒有去推、拉，運動中的物體也會以相同的速率持續直線前進（等速直線運動），這種現象稱為「慣性定律」。

思考理想狀況以探究運動的本質

慣性定律又稱為「運動第一定律」，是與一切物體運動相關的三個重要定律之一。在我們的日常生活中，由於受到摩擦力、空氣阻力等因素妨礙，無法看到物體持續運動的景象。但若是以太空這類理想狀況來思考，即可發現物體運動的本質。

持續前進的航海家1號

1977年發射的航海家 1 號，至今仍以相同的速率朝太陽系外側直線飛去。就像這樣，只要不施加外力，運動中的物體就會以相同的速度持續前進。

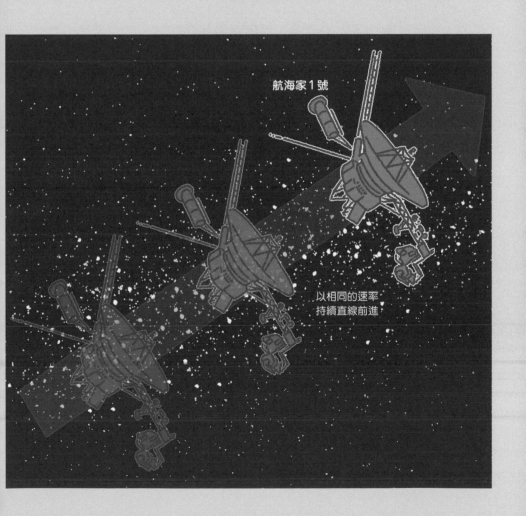

航海家 1 號

以相同的速率
持續直線前進

在列車上可以投出
時速200公里的剛速球！

速度會依觀測者而有所不同

　　速度是理解運動的關鍵。**很重要的一點在於，即使是同一物體的運動，其速度也會依觀測者而有所不同。**

　　例如，一輛以時速100公里朝右方行駛的列車上有人在投球，當列車裡面的人看到他以時速100公里朝右方投球時，對於在列車外站定不動的人來說，會是什麼樣的情景呢？站定不動者看到的會是球的時速100公里再加上列車的時速100公里，共計時速200公里的景象。相反地，當列車裡面的人看到以時速100公里朝左方投球的景象，則對於在列車外站定不動者來說，看到的球速就會變成0公里，也就是球單純地朝正下方掉落。

在物理學當中，「速度」和「速率」有所差別

　　在物理學當中，「速度」和「速率」這兩個詞在使用上有所區別。「速度」包括了運動的方向，通常以箭頭（向量）來表示；而「速率」只能表示速度的大小。

速度的加法

假設列車的速度為 V_1、列車裡面的人看到的球速為 V_2，則在列車外站定不動者看到的球速 V 可依「$V = V_1 + V_2$」來計算。

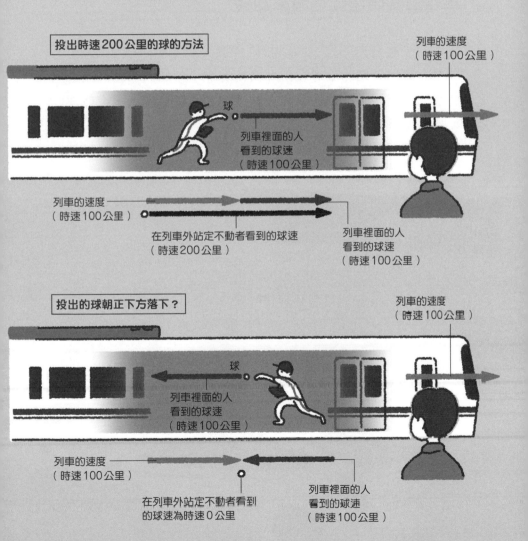

投出時速200公里的球的方法

球

列車裡面的人看到的球速
（時速100公里）

列車的速度
（時速100公里）

列車的速度
（時速100公里）

在列車外站定不動者看到的球速
（時速200公里）

列車裡面的人看到的球速
（時速100公里）

投出的球朝正下方落下？

球

列車裡面的人看到的球速
（時速100公里）

列車的速度
（時速100公里）

列車的速度
（時速100公里）

在列車外站定不動者看到的球速為時速0公里

列車裡面的人看到的球速
（時速100公里）

3 若不施力，
則不能加速亦不能減速

汽車藉由輪胎蹬踢地面來加速

　　沒有受到外力的物體會以相同速度持續運動（慣性定律）。那麼，受到外力的話會發生什麼情況呢？就以汽車為例來思考看看：原本靜止不動的汽車，踩下油門之後會開始前進並逐漸加速。**這是藉著輪胎向後「蹬」地，對汽車施加往行進方向的力，讓汽車逐漸加速。**相反地，踩下煞車的話輪胎的旋轉就會

加速的汽車

　　本圖所示為以固定的時間間隔施加定力
於汽車，使其速度等量漸增的情形。

靜止的汽車

時速20公里的汽車

0

對汽車施加的力（固定）

1

加速度（固定）

減慢，在輪胎和地面之間作用的摩擦力變成朝著與行進方向相反的方向，進而造成汽車減速。

力會改變物體的速度

如果施加固定的力，則物體的速度會持續產生固定的變化。在固定時間內的速度變化量稱為「加速度」。

如果把方向盤往右轉，便會施加向右的力，使汽車右轉。速度是速率加上運動的方向，所以即使時速表上的速率沒有改變，速度依舊產生了變化。**所謂的力，可以說是「使物體速度產生變化的東西」。**

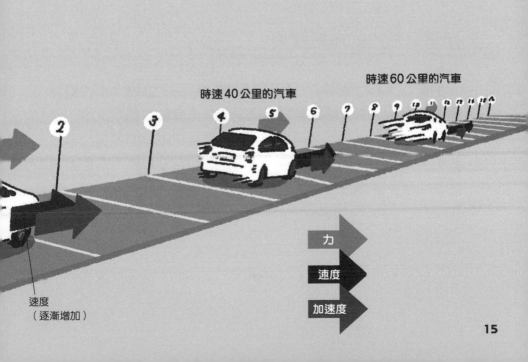

時速60公里的汽車

時速40公里的汽車

2 3 4 5 6 7 8 9 10 11 12 13 14

力

速度

加速度

速度
（逐漸增加）

15

4 在無重力的太空中，也能使用彈簧來測量體重

對物體施加的力越大，則加速度越大

若以同等的力去踩同一輛汽車的油門，則與一個人開車的情況相比，多人共乘一輛比較不容易加速。這意味著「物體越重（質量越大的物體）則加速度越小」（反比關係）。另一方面，對同一物體施加的力越大，則加速度越大（正比關係）。**把這些關係整理之後，可以建構出「力（F）＝質量（m）×加速度（a）」的方程式。**這個式子稱為「運動方程式」，是與運動相關的三個重要定律之中的第二個，也稱為「運動第二定律」。

利用運動方程式測量體重

無重力（重力極小）的ISS（國際太空站）上的太空人要測量體重時，也會利用運動方程式。在會失重飄浮的太空中，無法使用一般的體重計。若是讓太空人乘坐在收縮的彈簧上再釋放彈簧力，此時乘坐在上面的人越輕則加速度越快，越重則加速度越慢。從當時的彈簧力和加速度，便可以計算出質量（體重）了。

越輕的人加速度越快

收縮的彈簧釋放力時，乘坐在上面的人越輕則加速度越快，越重則加速度越慢。從當時的力和加速度，便可算出質量（乘坐者的體重）了。

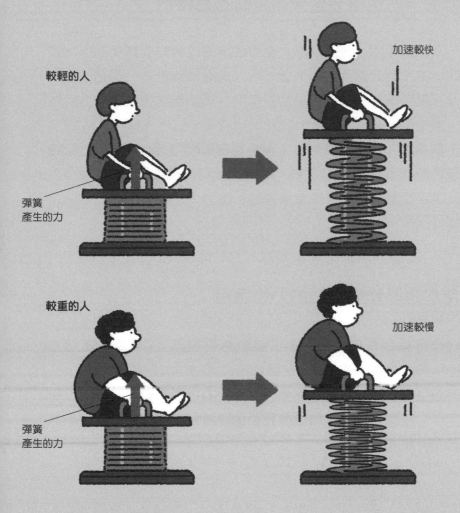

較輕的人

彈簧
產生的力

加速較快

較重的人

彈簧
產生的力

加速較慢

17

5 我們一直在吸引地球

施力的一方也會受到大小相同的力作用

　　游泳選手用力蹬向池壁，便可做出敏捷有力的轉身動作。這時，由於游泳選手踢蹬池壁，所以是對池壁施力。但是，如果游泳選手本身沒有受到外力的作用，應該無法做出轉身的動作（無法改變運動的速度）才對。

　　事實上，在施力的同時，必定會有和該力大小相同但方向相反的力作用於施力的一方，稱為「作用與反作用定律」。 在游泳選手蹬壁的同時，池壁會產生和蹬力大小相同的力把游泳選手推回去。

作用於相隔物體之間的力也適用

　　作用與反作用定律稱為「運動第三定律」，適用於所有的力。例如在跳傘運動中，使跳傘者加速的力就是地球的重力。

　　像重力這類作用於相隔物體之間的力，也遵循作用與反作用定律。**也就是說，當跳傘者受到地球重力吸引而下墜時，地球也在受跳傘者吸引。**

作用與反作用定律

跳傘者也遵循作用與反作用定律。當地球以力（重力）
吸引人，人也在用大小相同的力吸引地球。

地球吸引人的力

人吸引地球的力

6 月球不會飛離 是因為有萬有引力

月球受到地球吸引

月球以秒速 1 公里左右的速度持續繞著地球運行。儘管運動的速度如此之快，月球卻不會飛離軌道，是為什麼呢？

這是因為地球和月球藉萬有引力互相吸引的緣故。如果沒有萬有引力，月球將會依循慣性定律筆直地飛出去。**但實際上，月球由於萬有引力而被地球吸住，造成行進方向因此而轉彎。**

月球朝地球「持續墜落中」

將依循慣性定律的路徑和實際路徑進行比較後發現，說月球正朝著地球「持續墜落中」也沒有錯。**正因為萬有引力使其受到地球吸引，月球不斷朝地球墜落，同時卻又與地球保持一定的距離持續做著「圓周運動」。**

施力會使物體的速度產生變化。萬有引力導致月球的速度產生變化，但改變的是其運動方向而非速率。

月球的圓周運動

如果沒有萬有引力，月球將會依循慣性定律筆直地飛出去。萬有引力使月球受到地球吸引而不斷朝地球墜落，並持續做著「圓周運動」。

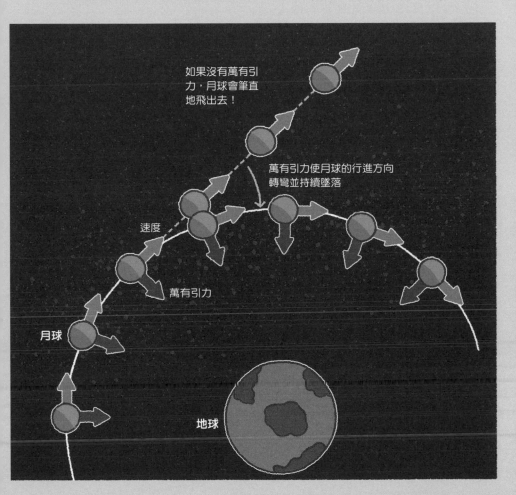

如果沒有萬有引力，月球會筆直地飛出去！

萬有引力使月球的行進方向轉彎並持續墜落

速度

萬有引力

月球

地球

7 如果將球以超高速投出，會變成人造衛星

球在投出的瞬間開始落下

　　想像一下把球朝前方筆直投出的狀況：如果沒有萬有引力（重力）的作用，那球在被投出之後，應該會依循慣性定律而持續朝前方筆直行進才對。但實際上由於萬有引力的影響，球的軌跡會比直線再往下偏移。換句話說，球在投出去的瞬間就開始落下了。

變成人造衛星的條件？

　　如果投球的速度夠快，則球不管飛到哪裡都不會落到地面，會變成繞行地球的人造衛星。

速度太慢的話，球的軌跡會和地面相交（會落地）

如果球落下的幅度和地面下降的幅度一致，就會變成人造衛星

　　球的速率越快，落到地面的地點就越遠。因為地球是球形，所以地面是彎曲的。因此以球的視點來看，地面一直在往下降低。倘若逐漸提升球速，直到球落下的幅度和地面下降的幅度趨於一致時，球與地面之間的距離將不再縮短。**最後球會與地面維持一定的距離，持續繞著地球運行，**也就是變成了一架人造衛星（假設忽略空氣阻力和地形起伏）。**此時物體的速度必須達到秒速約7.9公里，稱為「第一宇宙速度」。**

根據理論計算，若以秒速約 7.9 公里以上的速率將球投出，就會變成人造衛星。

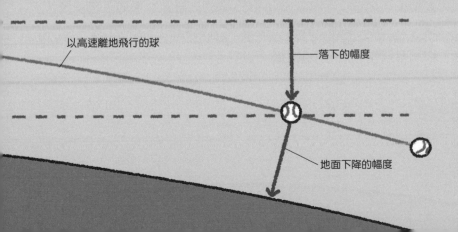

以高速離地飛行的球

落下的幅度

地面下降的幅度

滿是人造衛星垃圾的「墓地軌道」

自1957年的史普尼克1號（Sputnik 1）以來，迄今已有超過7000架人造衛星發射升空，現在仍有大約3500架在地球的周圍繞轉。那麼，結束任務的人造衛星該何去何從呢？

如果是距離地面300～400公里左右、在較低的軌道上運行的人造衛星，會使其墜落到南太平洋的特定地點。但是，如果是在更高的軌道上運行的人造衛星，想要使其墜落到地球的特定地點，在技術上有其難度。因此，只好送往沒有人造衛星運行的更高的軌道上。這個軌道距離地面4萬公里左右，聚集了大批生命走到盡頭的人造衛星，稱為「墓地軌道」（graveyard orbit）。

但是，由於燃料用盡等問題，據說實際上能夠送到墓地軌道的人造衛星只有3分之1左右而已。因此，尚在使用中的人造衛星軌道上，還飄著許多沒能送入墓地軌道的「殭屍衛星」，必須在地面使用光學望遠鏡等設備密切監視，以免它們與正常運作的人造衛星相撞。

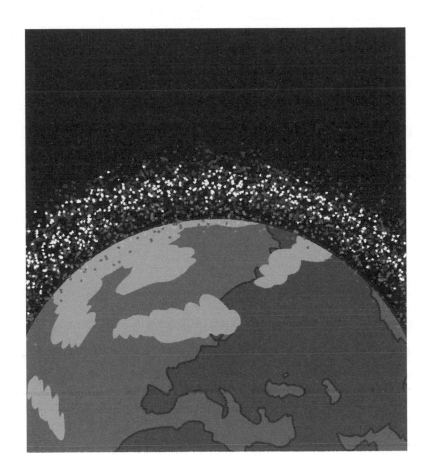

8 緊急煞車時，乘客會因「慣性力」而傾倒

緊急煞車的時候，會感受到力的作用

搭乘公車時如遇到緊急煞車，會感受到有一股力把自己往行進方向推。相反地，猛然加速的時候，會感受到一股力把自己往行進方向的反方向推。此力稱為「慣性力」。

緊急煞車時，公車會減速。但是，依循慣性定律的乘客會保有原來的速度繼續向前進。因此，對於公車上的乘客來說，會感覺自己彷彿受到一股往前推的力（慣性力），使身體朝前方傾倒。

沒有力作用在乘客身上

另一方面，對於在公車外站定不動的觀測者來說，乘客只是想要保持相同的速度而已。**也就是說，實際上並沒有往前推的力作用在乘客身上。**慣性力並不是實際存在的力，該力是只有從速度有所變化的場所（此例的場所為公車內）來看時才會顯現的虛擬力。

慣性力會作用於從速度有所變化之場所看見的一切物體。不只公車內的乘客，行李架上的包包、懸空的蚊子乃至於空氣，都會受到慣性力的作用。

慣性力的本質

在猛然加速的公車內，慣性力朝後方作用，乘客被往後拉（1）。相反地，在緊急煞車的公車內，慣性力朝前方作用，使乘客朝前方傾倒（2）。在速度不變的公車內，慣性力不會作用（3）。

1. 猛然加速中的公車內

慣性力

加速度

慣性力產生在與公車加速度相反的方向上

2. 緊急煞車中的公車內

慣性力

加速度（減速中）

慣性力產生在與公車加速度相反的方向上

3. 做等速直線運動的公車內

沒有慣性力

加速度為零

9 隼鳥2號用後拋燃料的方式加速！

運動的力量可由「質量×速度」求得

2018年6月，JAXA（日本宇宙航空研究開發機構）的探測器「隼鳥2號」（Hayabusa 2）歷經大約3年半的時間，跋涉30億公里的路程，終於抵達小行星龍宮（162173 Ryugu）。在既沒有空氣也沒有任何東西存在的太空中，無法藉由推壓地面或空氣來加速。那麼，隼鳥2號是利用什麼方法加速的呢？

隼鳥2號的加速機制可用「動量守恆定律」來說明。所謂的「動量」，是指利用物體的「質量×速度」所求出的「運動的力量」。動量守恆定律就是「只要沒有受到外力的作用，則動量的總和永遠保持固定」。

釋放燃料會產生反方向的動量

隼鳥2號配備了「離子引擎」，在需要加速的時候，離子引擎會朝後方噴出氣體狀的氙離子。噴出氙離子會產生向後的動量，如此一來，依據動量守恆定律，這個向後的動量使隼鳥2號獲得向前的動量。由此獲得的動量，讓隼鳥2號得以加速。

使用離子引擎加速

隼鳥 2 號使用離子引擎噴出氣體狀的氙離子，藉此進行
加速或減速，成功進到與龍宮公轉軌道相同的軌道。

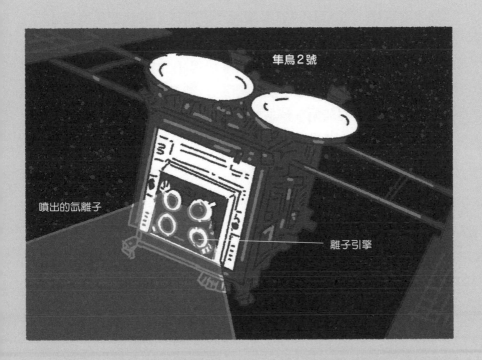

隼鳥2號

噴出的氙離子

離子引擎

在太空漫步的太空人也是利用
噴射氣體來移動的咩！

10 「能量」的總和始終不變

球具有動能和位能

假設從高臺上以相同的速率擊出一顆網球，朝什麼角度打出去，可以使著地瞬間的速度達到最快呢？事實上，無論朝什麼角度打出去，網球著地瞬間的速率都是相同的（忽略空氣阻力）。**原因就在於球所具有的「能量」。能量簡單來說就是「能夠驅動物體的潛在能力」。**球主要具有兩種能量——「動能」和「位能」。動能在球速越快時越大，位能則是在球的位置越高時越大。

動能減少則位能增加

例如，朝斜上方擊出的球會逐漸變慢、「動能」減少，但相對地，球的位置逐漸變高、「位能」增加。結果就是兩種能量的總和始終和擊球當下相同。**就像這樣，無論球從哪個位置、朝什麼角度打出去，兩種能量的總和始終保持不變。**這稱為「力學能守恆定律」。著地瞬間的球全都處於相同的高度，所以具有相同的位能。因此，根據力學能守恆定律，著地瞬間的球全都具有相同的動能，也就是相同的速率。

著地瞬間的球速

根據力學能守恆定律，處於相同高度的球具有相同的
位能和相同的動能。也就是說，著地瞬間的球速是相
同的。

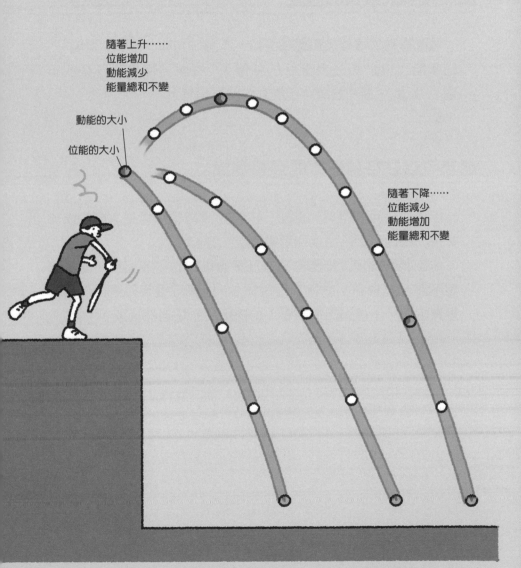

隨著上升……
位能增加
動能減少
能量總和不變

動能的大小

位能的大小

隨著下降……
位能減少
動能增加
能量總和不變

11 喇叭把電能轉換成聲音

能量有各式各樣的形態

能量有各式各樣的形態。例如,熱能、光能、音能(聲能)、化學能(存於原子及分子的能量)、核能(存於原子核的能量)、電能,還有前頁介紹的動能與位能等。

能量可以在各種形態間互相轉換

能量可以互相轉換。例如,太陽能發電板可以把太陽的光能轉換成電能,喇叭可以利用電能產生音能。

即使發生轉換,能量的總和既不會增加也不會減少,永遠固定不變。這稱為「能量守恆定律」。能量守恆定律是自然界的重要定律,不僅適用於力學,也適用於一切自然現象。

能量的轉換

太陽能發電板可以把光能轉換成電能，而喇叭可以把電能轉換成音能。

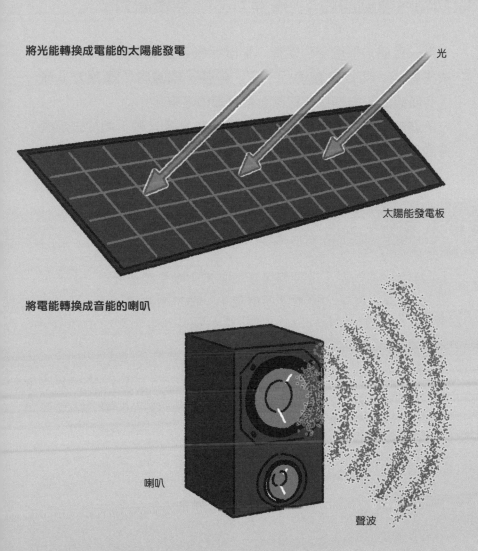

將光能轉換成電能的太陽能發電

光

太陽能發電板

將電能轉換成音能的喇叭

喇叭

聲波

12 沒有摩擦力就無法行走！

阻撓物體運動的力：「摩擦力」、「空氣阻力」

若只考慮力學能守恆定律，那麼冰壺選手投出的石壺將不會損失動能，可以一直滑行下去。**但是，因為有「摩擦力」和「空氣阻力」的關係，實際上最終會停下來。**

所謂的摩擦力，是作用於彼此接觸的物體之間，施加在阻撓運動行進方向上的力。只要物體互相接觸，摩擦力就絕對不會

在冰面上也會產生摩擦力

無論什麼物體，只要有接觸就必定會產生摩擦。

例如在冰面上的摩擦力雖然很小，但不會是零。

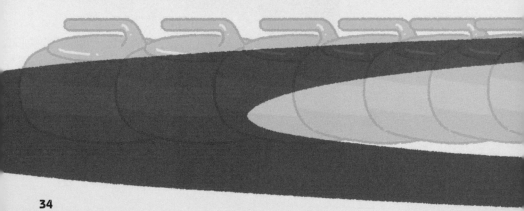

是零。空氣阻力也是阻撓物體運動的力，當物體試圖破風而行之際，就會受到來自空氣的反方向的力。

如果沒有摩擦力和空氣阻力？

或許你會認為，摩擦力和空氣阻力是阻撓運動的一大妨礙。**不過，要是沒有這些力的話，世界恐怕會變得很不方便。**如果沒有摩擦力，便無法踢蹬地面而行，而且一旦動起來就很難停下。此外，如果沒有空氣阻力，雨滴將會高速落下，打到身上會讓人痛得受不了呢！

冰壺選手投出的石壺也會因為摩擦，最終於某處停下來咩！

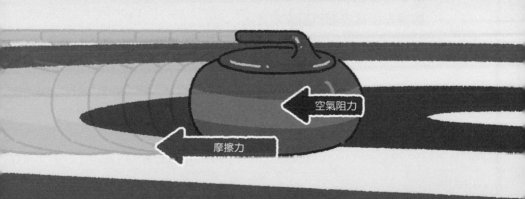

空氣阻力

摩擦力

香蕉皮為什麼會滑？

「踩到香蕉皮而滑倒」算是極為有名的古典笑話。從19世紀後半期起香蕉在歐美等地日漸普及以後，踩到香蕉皮而滑倒的人好像真的越來越多了。到了20世紀，電影等表演中紛紛出現這樣的喜劇橋段，例如卓別林的《在海邊》（By the Sea）就是一部經典之作。

究竟香蕉皮有多滑？有人以科學方式做了相關測試與驗證。**日本摩擦學學會（Japanese Society of Tribologists）曾對香蕉皮的摩擦力進行調查，結果顯示老香蕉皮的滑溜程度似乎可以和滑雪相提並論。**

還有日本北里大學馬渕清資博士因為研究香蕉皮的潤滑原理，2014年獲頒了搞笑諾貝爾獎。**根據研究，香蕉皮內側有微小的膠囊狀組織，如果踩破這些組織，裡面滲出的液體就會導致香蕉皮變得滑溜無比。**

2. 潛藏著巨大力量的 「空氣」與「熱」

由於肉眼看不到「空氣」與「熱」，所以我們平常不太會留意到它們的存在。不過，如果善加運用空氣和熱，將能發揮強大的力量。第2章將要探討與空氣和熱密不可分的法則。

1 吸盤能貼在牆上是因為空氣在推壓牆壁

有無數的分子在空氣中四處飛竄

　　為什麼吸盤不需要黏著劑就能牢牢貼在牆壁上呢？關鍵就是在我們周遭四處飛竄的無數分子。

　　空氣是由無數個肉眼看不到的微小「氣體分子」聚集而成。以常溫的大氣為例，每 1 立方公分就有大約 10^{19}（1000兆的 1 萬倍）個氣體分子。這些氣體分子自由自在地四處飛竄，彼此會互相碰撞或撞到牆壁再彈回來。

氣體分子撞擊時會施力

　　氣體分子撞擊牆壁的瞬間會對牆壁施力。單個氣體分子撞擊所產生的力非常微小，但若是大量氣體分子接連不斷地撞擊，那麼加總起來的力量就會大到無法忽視。這就是氣體「壓力」的本質。

　　把吸盤往牆上按壓，吸盤和牆壁之間的空氣就會被擠出去，使得來自內側的空氣壓力變小。如此一來，較大的周圍空氣壓力便會把吸盤壓向牆壁，使其牢牢地貼在牆上。

氣體分子的撞擊產生出力

空氣中總是有大量的氣體分子四處飛竄。當這些氣體分子撞擊吸盤時會施加微小的力，加總起來就會變成巨大的力，把吸盤壓向牆壁。

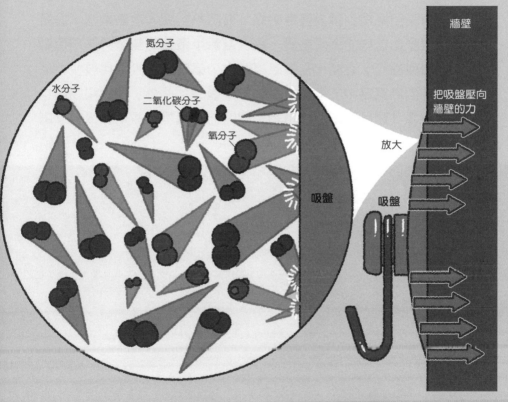

牆壁

把吸盤壓向牆壁的力

放大

水分子

氮分子

二氧化碳分子

氧分子

吸盤

吸盤

空氣（大氣）造成的壓力稱為「大氣壓力」（氣壓）。

酷熱的夏季裡，
氣體分子劇烈地互相碰撞

氣體分子的運動會造成溫度差異

　　有時空氣冷到讓人覺得刺痛、有時熱到令人差點暈眩，**之所以會產生這樣的溫度差異，與在空氣中飛竄的氣體分子「運動的劇烈程度」有關**。在高溫氣體中，氣體分子飛得比較快；反之在低溫氣體中，氣體分子飛得比較慢。此外，液體和固體也是一樣，原子及分子的運動（固體的話就是在原地的振動）劇

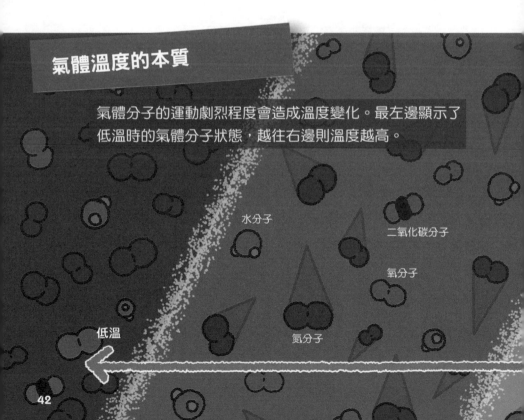

氣體溫度的本質

　　氣體分子的運動劇烈程度會造成溫度變化。最左邊顯示了低溫時的氣體分子狀態，越往右邊則溫度越高。

水分子

二氧化碳分子

氧分子

氮分子

低溫

烈程度會決定溫度的高低。**也就是說，所謂的溫度，可以說是「原子及分子的運動劇烈程度」。**

在夏季會感到炎熱，是因為氣體分子劇烈地撞擊身體，使得氣體分子的動能轉移到身上造成溫度上升。

理論上存在最低溫度

如果溫度不斷下降，原子及分子的運動會逐漸趨緩，最終達到理論上的最低溫度。已知這個溫度是零下273.15℃，稱為「絕對零度」（absolute zero）。將絕對零度定為 0 度的溫標稱為「絕對溫度」（absolute temperature），單位為K（克耳文）。0℃即為273.15K。

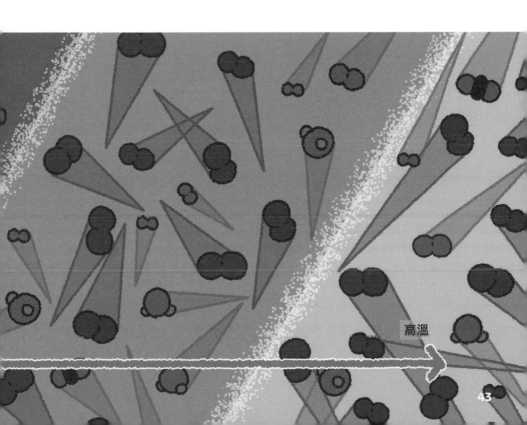

高溫

3 在飛機上，
洋芋片的袋子會變得鼓鼓的

氣壓降低時，零食袋會鼓脹起來

你有沒有在飛機艙內或高山頂上，發現洋芋片的包裝袋鼓脹起來的經驗呢？越往高空，空氣越稀薄，氣壓越低。雖然機艙內的氣壓經過調節，不過依舊只有地面上的0.7倍左右而已。**在這樣的狀態下，袋內氣體往外推的力會大過外部氣體施於零食袋的壓力，於是袋子就膨脹起來了。**

表示氣體的壓力、體積、溫度的關係式

有一個式子可用來表示密閉氣體（像是洋芋片袋內氣體之類的）的狀態會如何變化，**即「理想氣體狀態方程式：$PV=nRT$」**[※]。理想氣體狀態方程式是表示氣體的壓力（P）、體積（V）、溫度（T）的關係式（n 為物質的量，R 為氣體常數）。以洋芋片袋子為例，假設起飛前的地面和機艙內的溫度（T）相同，則等式右邊為固定數值。

飛上天空之後，機艙內的氣壓變小，導致袋中氣體膨脹使得袋子的體積（V）變大了。相對地，袋中氣體的壓力（P）隨之變小，符合理想氣體狀態方程式。就像這樣，當一個值改變，其他的值就會跟著改變，以便符合該關係式。

※：嚴格來說，只有在可以忽略分子大小且分子間沒有作用力影響的「理想氣體」狀態下，這個式子才得以成立。就實際氣體的情況而言，會稍微偏離這個式子。

袋子在機艙內會鼓脹的原因

把零食帶上飛機，有時候會發覺袋子脹得鼓鼓的。這是因為周圍的氣壓降低，使得袋內空氣膨脹起來所引發的現象。

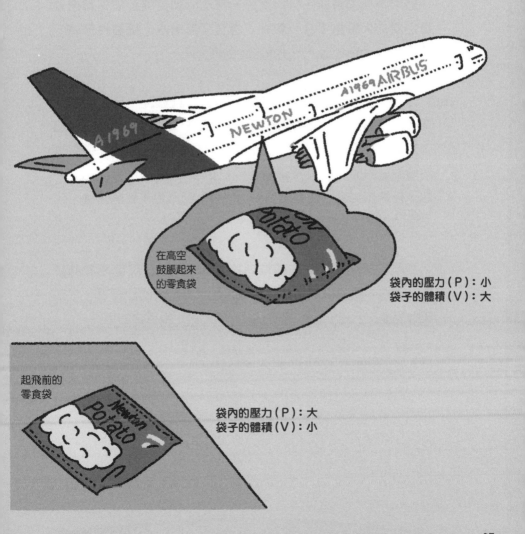

在高空
鼓脹起來
的零食袋

袋內的壓力（P）：小
袋子的體積（V）：大

起飛前的
零食袋

袋內的壓力（P）：大
袋子的體積（V）：小

搭飛機時蛀牙容易發疼

搭乘飛機的時候，牙齒突然一陣一陣地抽痛起來，有過這種經驗的人應該不在少數吧！這種牙疼稱為「氣壓性牙痛」（barodontalgia）或「高空性牙痛」。

牙齒深處有神經通過的空洞，稱為「牙髓腔」。牙髓腔裡的空氣壓力通常和周圍的氣壓相同，可是一旦飛機起飛造成機艙內的氣壓急速下降，就會和牙髓腔內的氣壓有所差異。結果導致牙髓腔內的空氣和血管膨脹，壓迫到神經，進而引發疼痛。除了搭飛機之外，在登山或颱風等強烈低氣壓來襲的時候，也可能發生這種疼痛。

健康的牙齒很少發生這種疼痛的情形。沒有妥善治療的蛀牙、療程中暫時填補的牙齒、或是牙根有蓄膿問題等等，才比較容易發疼。在搭飛機之前先把牙齒治好是很重要的事情。

熱的物體會使周圍原子劇烈振動

熱會在有溫度差的物體之間移動

如果想讓冰冷的身體暖和起來，我們會打開暖氣或是喝杯溫熱的飲料。相反地，如果想讓發熱的身體冷卻下來，可以吹吹冷氣涼爽一下。**就像這樣，我們從經驗得知「熱會在有溫度差的物體之間移動」。**

當振動差消失，溫度差也會消失

舉例來說，假設以冰冷的手握著一瓶熱咖啡罐。這個溫度會使位於熱罐表面的金屬原子劇烈振動，但是構成冰冷手掌的分子就沒有振動得那麼厲害了。

在罐子和手掌的交界處，振動程度不同的原子及分子互相接觸。**經過多次碰撞之後，手掌表面的分子受到金屬原子振動的影響，開始劇烈地振動。**也就是說，金屬原子的動能有一部分傳給了手掌的分子。動能會持續轉移，直到罐子原子和手掌分子的振動差逐漸消失，也就是不再有溫度差的狀態。就像這樣，藉由微小粒子的碰撞而轉移的能量，在物理的世界稱其為「熱」。

金屬原子的振動會傳遞

熱罐表面的金屬原子在劇烈振動。手持熱罐的話,手掌
表面的分子會跟著劇烈振動,最終使手掌內部的分子也
跟著振動,進而感覺到熱。

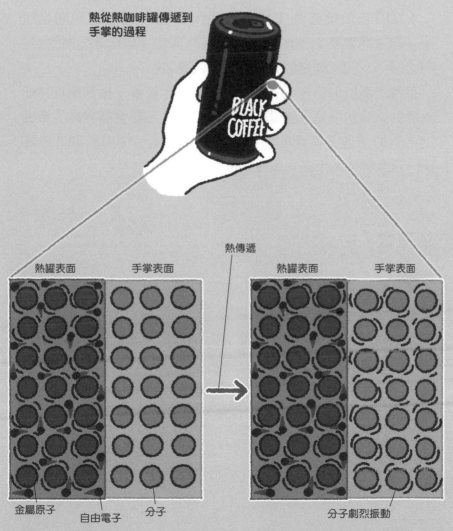

熱從熱咖啡罐傳遞到
手掌的過程

BLACK COFFEE

熱傳遞

| 熱罐表面 | 手掌表面 | | 熱罐表面 | 手掌表面 |

金屬原子　　自由電子　　分子

分子劇烈振動

49

5 「蒸氣機」
促成了工業革命！

運用於各種機械的蒸氣機

1700年代興起的工業革命使人們的生活迅速地富足起來。**促成此事的關鍵就是英國工程師瓦特（James Watt，1736～1819）開發的改良式「蒸氣機」。**

瓦特的蒸氣機是把水加熱以產生高溫水蒸氣，再利用其熱能來轉動齒輪的機器。齒輪的旋轉運動被運用在各式各樣的機械上，例如把地下深處的物體拉上來的滑輪、捲繞絲線的紡織機，乃至於作為蒸氣火車頭以及蒸氣船的動力等等。

熱能會做「功」

蒸氣機是利用水蒸氣的熱能轉動齒輪。就像這樣，當能量驅動某物時，我們會稱這個能量做了「功」。以蒸氣機來說，做功會使水蒸氣的熱能減少。**氣體的熱能會因為對外部做功而減少相應的量，稱為熱力學第一定律。**

不只是蒸氣機，若要使任何裝置持續做功，就必須從外部不斷供應能量。無須供應能量就能持續做功的裝置稱為「永動機」，但永動機不可能實現。

水蒸氣使車輪轉動

蒸氣機藉著左右交替送入高溫水蒸氣使活塞往復運動，利用其動作來轉動車輪。

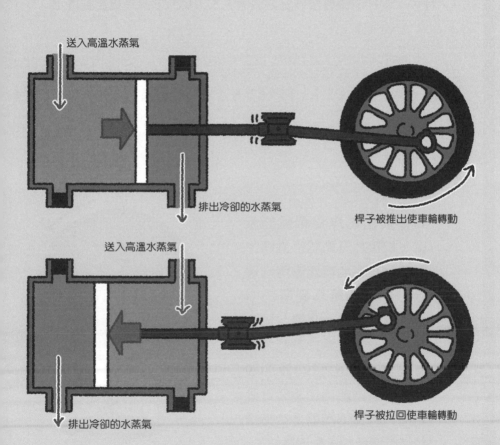

送入高溫水蒸氣

排出冷卻的水蒸氣

桿子被推出使車輪轉動

送入高溫水蒸氣

排出冷卻的水蒸氣

桿子被拉回使車輪轉動

永動機可能實現嗎？

　　阿中和阿山是高中生，他們正在討論物理作業中關於永動機的部分。

阿中：物理老師要我們好好思考，古人構想的永動機究竟能不能實現。

Q1

此為使用鐵珠和圓盤的裝置。如果將其順時針旋轉，則圓盤右側的鐵珠會滑向邊緣，左側的鐵珠會滑向中心。鐵珠離中心越遠，驅使圓盤轉動的旋轉力就越大。當圓盤右側的鐵珠靠向邊緣，似乎就能施加順時針旋轉的力。這個圓盤是會持續順時針旋轉的永動機嗎？

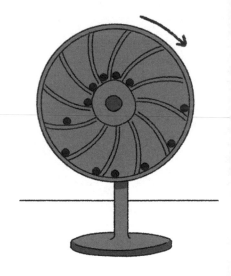

阿山：所謂的永動機，就是即使有摩擦力和空氣阻力也能持續
　　　地運作吧！
阿中：今天看了老師給的永動機範例，覺得好像可以實現，不
　　　過……。

Q2

此為使用鐵珠、軌道和磁鐵
組成的裝置。軌道上的鐵珠
會受到磁鐵吸引而往上爬
升，然後掉進坡上的小洞。
一路滾到底部後，再度被磁
鐵吸引而沿著軌道爬升……
這個過程似乎會不斷反覆下
去。這是永動機嗎？

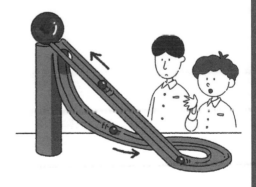

為什麼永動機不可能實現？

A1　這不是永動機

　　旋轉終會停止。如右圖所示，逆時針旋轉的力會大過順時針旋轉的力。當取得平衡時，順時針旋轉的力和逆時針旋轉的力大小會一致。因此，圓盤終究會因為摩擦力和空氣阻力的影響而停止轉動。

逆時針旋轉的力　　　　順時針旋轉的力

阿山：除此之外還有許多人都設計過永動機，但是好像也都不
　　　可行耶！
阿中：沒有辦法違反自然界的定律啊！不過我倒是能夠體會想

A2 這不是永動機

　鐵珠不會一直滾動。當鐵珠位於最下方的 A 處時，如果磁力太弱，鐵珠無法爬上軌道；如果磁力太強，鐵珠不僅會爬上軌道還會吸附在磁鐵上（B 處）。如果磁力適中，剛好可以使鐵珠爬上軌道並且掉入洞中的話，它也不會回到 A 處，而是反覆地來回滾動，最後由於摩擦力的影響而停在中途的平衡位置（C 處）。

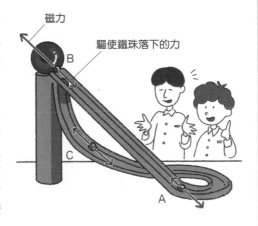

　要一臺永動機的心情。

　阿山：哎唷，不愧是懶人阿中，淨想一些不勞而獲的事情耶！

神童克耳文※

是10歲就進入英國格拉斯哥大學就讀的神童

1824年出生於愛爾蘭的物理學家克耳文男爵‧威廉‧湯姆森

在電磁學、流體力學等廣泛領域發表論文，促使電磁學及熱力學蓬勃發展

1846年擔任格拉斯哥大學的教授

克耳文（K）這個單位由此誕生

1848年提出「絕對溫度」的概念

調查地球的形狀、硬度等，是一位相當活躍的學者

後來，他試圖測定地球的年齡

※：William Thomson, 1st Baron Kelvin，1824～1907

為工業革命貢獻良多的瓦特

1736年
出生於蘇格蘭的
詹姆士‧瓦特

任職於
格拉斯哥大學時，
對蒸氣機產生了興趣

運用靈巧的技術
和創造力，
針對舊式蒸氣機
重新設計、加以改良

致力於減少
熱量的浪費，
使其更有效率

1775年
募集資金，
成立公司

將新型蒸氣機
變成商品出售，
在市場大為暢銷，
因而致富

對工業革命的貢獻
遍及到了全世界

電力等的單位
「瓦特」
就是源自他的名字

3. 由「波」引發的
不可思議現象

「波」並不是只有在海上才看得到的東西。聲音、光、行動電話的電波等等，我們的生活中充滿了各種波。第3章將以聲音、光等代表性常見現象為例，介紹波的性質。

聲音和光都是波，但是振動的方向不一樣！

波是向周圍傳送某種「振動」的現象

如果將石塊投入平靜的湖面，在石塊落水的位置就會產生「波」，呈同心圓狀擴散開來。**所謂的波，就是向周圍傳送某種「振動」的現象。**生活中常見的波有聲音和光。

以聲音來說，例如喇叭產生的空氣振動會促使周圍空氣跟著振動，在空間傳播開來。聲音在空氣中傳播的速率是 1 秒鐘大約340公尺。

光則是空間本身具有的「電場」和「磁場」的振動所傳播的波（詳見第106頁）。光在空氣中的行進速率是 1 秒鐘大約30萬公里，非常快速。

聲音是空氣的振動在傳播的現象

波可大致分為「橫波」和「縱波」這兩種。振動方向與行進方向垂直的波為「橫波」（右圖上方），振動方向與行進方向平行的波為「縱波」（右圖下方）。光是橫波，而聲音是縱波。

一個波的長度稱為「波長」。以橫波來說，就是相鄰兩個波峰（或波谷）之間的長度；以縱波來說，則是相鄰兩個最密處（或最疏處）之間的長度。波長在後面的內容也會頻繁出現，所以先好好地記下來吧！

「橫波」與「縱波」的差異

「橫波」的振動方向與行進方向垂直，例如光就是一種橫波。相對地，「縱波」的振動方向與行進方向平行，例如聲音就是一個代表性例子。

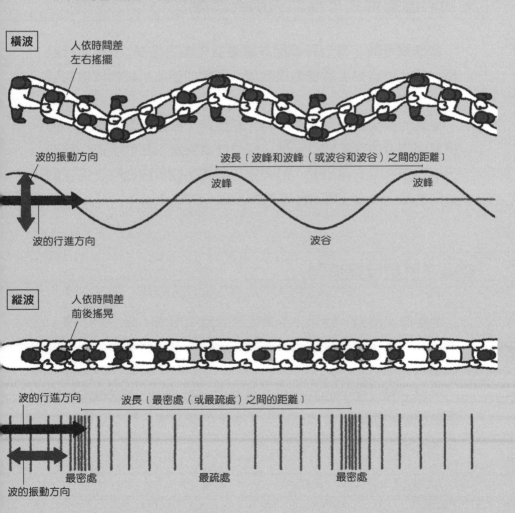

2 聲音是空氣的稀薄部分和濃密部分交互傳遞的現象

空氣的振動傳到耳裡就會聽到聲音

聽到聲音時，傳到耳裡的其實是空氣的「振動」。例如打鼓時，鼓面會振動，當這個振動傳到周圍的空氣，我們就會聽到「咚」的鼓聲。

空氣的振動是如何產生的呢？打鼓時，鼓面會急速凹陷，使得鼓面附近的空氣變得稀薄，形成空氣密度下降的「疏」的部分。然後在下一個瞬間，鼓面急速回彈，使得鼓面附近的空氣受到壓縮，形成空氣密度增加的「密」的部分。

空氣在原處反覆振動

鼓面每次凹陷、回彈，都會使附近空氣形成「疏」和「密」的部分，並往周圍傳播出去。這時，空氣會在原處反覆地前後振動。

「疏」和「密」的變化接連傳播的現象稱為「疏密波」。這就是聲波的本質。當我們聽到「咚」的鼓聲時，耳朵正在感知空氣頻繁的「疏密波的振動」。

聲音的本質是「疏密波」

打鼓會使空氣劇烈振動，進而交互形成了空氣濃密的「密」的部分，以及空氣稀薄的「疏」的部分。這些振動往周圍傳播出去的「疏密波」，就是聲音的本質。

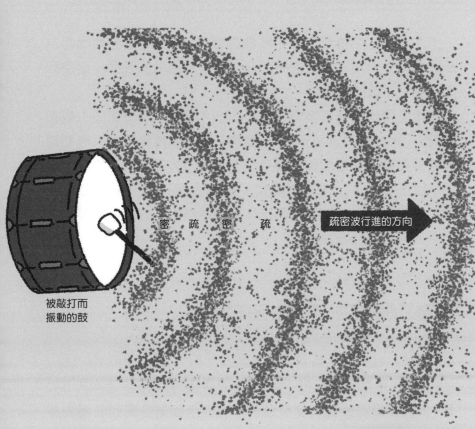

密　疏　密　疏

疏密波行進的方向

被敲打而
振動的鼓

聽到聲音時，空氣的振動
正在引起鼓膜振動。

63

3 地震波兼具縱波和橫波

P波會引發縱向搖晃

　　「地震波」是我們生活中經常遇到的波。當地下的地層因為斷層而發生錯動，產生的衝擊會以地震波的形式傳播，促使地面搖晃 ── 這就是地震。

　　在地底傳播的地震波有「P波」和「S波」。P波意即「最初的波」（primary wave），速度快，會最先傳到地面引發初期的輕微晃動（在地殼的傳播速度為秒速約6.5公里，但會根據場所而有所不同）。**P波為縱波，會使地盤沿著波的行進方向搖晃。** 地震波在大多數狀況下是從接近地面的下方垂直傳上來。此時，P波會引發縱向搖晃。

S波會使地面產生巨大的橫向搖晃

　　「S波」比P波晚到達。S波意即「第二波」（secondary wave），速度比P波慢，在地殼的傳播速度為秒速約3.5公里。**S波為橫波，在大多數狀況下會在地面產生劇烈的橫向搖晃。** 造成震災的主要是S波。

P波為縱波，S波為橫波

P波是振動方向與行進方向平行的縱波，比S波更快傳到地面，會引發初期的輕微晃動。相對地，S波則是振動方向與行進方向垂直的橫波，比P波更慢傳到地面，會引起地面產生巨大搖晃。

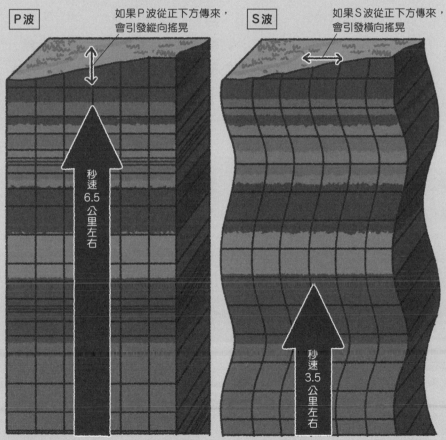

| P波 | 如果P波從正下方傳來，會引發縱向搖晃 |

秒速6.5公里左右

| S波 | 如果S波從正下方傳來，會引發橫向搖晃 |

秒速3.5公里左右

P波為促使地盤沿著波的行進方向振動的縱波（疏密波），圖中以線條來表示疏密分布。如果從正下方傳來，會感覺到縱向搖晃。

S波為地盤的振動方向與波的行進方向垂直的橫波，秒速3.5公里左右，比P波更慢傳到地面，會使地面劇烈搖晃。如果從正下方傳來，會感覺到橫向搖晃。

4 救護車的警笛聲會改變，是因為波長的變化

頻率越高，聲音越高

假設有一輛救護車一邊發出「哦——咿——哦——咿——」的警笛聲，一邊從遠處駛來。**當救護車從我們眼前通過並急駛而去的瞬間，警笛聲會變得比先前聽到的還要低。**這個是「都卜勒效應」造成的現象。

聲音的高低取決於聲波的「頻率」。所謂的頻率，是指波在

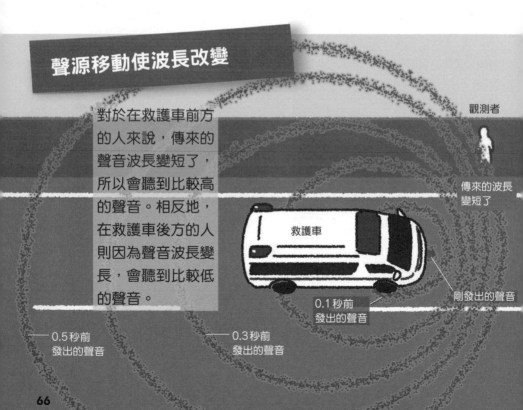

聲源移動使波長改變

對於在救護車前方的人來說，傳來的聲音波長變短了，所以會聽到比較高的聲音。相反地，在救護車後方的人則因為聲音波長變長，會聽到比較低的聲音。

觀測者

救護車

傳來的波長變短了

剛發出的聲音

0.1秒前發出的聲音

0.3秒前發出的聲音

0.5秒前發出的聲音

1秒鐘內的振動次數,單位為Hz(赫茲)。以聲音來說,當頻率越大(空氣的振動越快),聲音聽起來就越高。

在救護車的前方,波長被壓縮

如果救護車一邊鳴笛一邊前進,則在救護車的前方,聲音的波長(一個波的長度)會被壓縮。聲音的波長變短,代表聲波一個接著一個地很快傳來,所以頻率變大。**當聲源接近時,頻率會變得比原來的聲音大,所以會聽到比較高的聲音。**相反地,當救護車駛離時,聲音的波長變長使得頻率變小,所以會聽到比原來更低的聲音。

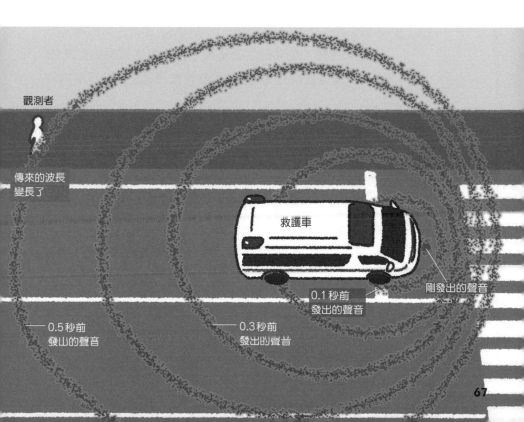

觀測者

傳來的波長
變長了

救護車

剛發出的聲音

0.1秒前
發出的聲音

0.5秒前
發出的聲音

0.3秒前
發出的聲音

如何測量投手的球速？

 最近的棒球比賽真是精彩！有好幾個投手投出了時速超過150公里的快速球耶！

 你知道他們的球速是怎麼測出來的嗎？

 是根據捕手接球時的聲音大小來判斷嗎？

 怎麼可能啦！答案是利用都卜勒效應來測量。使用測速槍測量球速時，是向球發射電波，再接收從球反射回來的電波。球速越快，反射回來的電波波長就被壓縮得越短！

 反射回來的電波波長（頻率）會依球速而有所不同，和發射出去的電波頻率作比較，就能計算出球速了！

 就是這樣！汽車的超速取締裝置和血流計也都是利用都卜勒效應哦！

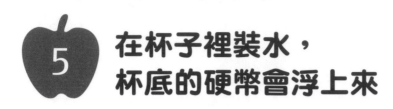

5 在杯子裡裝水，杯底的硬幣會浮上來

光的左右兩側產生速度差

光從空氣中進入水中時，光的行進路徑會彎曲，稱為「折射」。應該有不少人還記得國中的自然課教過這個現象吧！**這是因為光在空氣中和在水中的行進速率不同所造成的現象。**

先來思考光從空氣中進入水中的情況。光在水中的行進速度比在空氣中慢。如右圖所示，光從斜上方進入水中時，率先進到水中的部分（光的左側）速度會變慢，但是還未進到水中的部分（光的右側）速度並沒有改變，因此光的左右兩側產生了速度差。結果導致光的行進路徑彎曲，因而發生折射。折射的角度取決於光在兩種物質之間的速度差，速度差越大則彎曲的角度越大。

水中的硬幣看似浮起來了

在杯子裡放一個硬幣，再注入水的話，硬幣看似從原來的位置稍微浮上來了，這是光的折射所造成的現象。**光的行進路徑因為折射而彎曲，但視覺上卻有「光應為直線行進」的認知。**因此我們才會產生物體位於較高位置的錯覺，認為光是從比硬幣原本位置更高的地方發出來的。

光的折射

圖為光從空氣中進入水中的情況。如圖所示，光在水中的行進速度比較慢，因此左側和右側產生速度差，就會導致行進路徑彎曲（折射）。

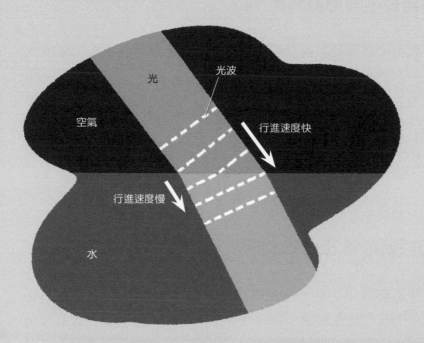

光
光波
空氣
行進速度快
行進速度慢
水

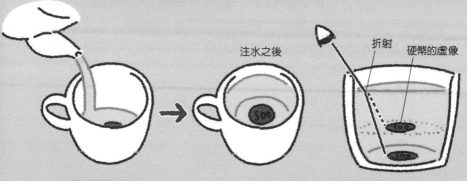

注水之後

折射
硬幣的虛像

幾乎看不到硬幣

杯底「浮上來」，看得到硬幣了

71

6 太陽光是由七種顏色的光組合而成！

光的波長不同即為顏色不同

我們可以憑藉顏色上的差異，進一步了解波長不同的光。波長較長的光為紅色，較短的光為紫色或藍色。此外，光（可見光）和無線電波、紅外線、紫外線、X射線等等都是「電磁波」，只是波長不同而已。

太陽光（白光）是由各種不同波長（顏色）的光混合而成的光，使用玻璃製三稜鏡可以把太陽光分解成七種顏色。

三稜鏡能夠依波長把太陽光分解成七種顏色

光進到玻璃中時速度會變慢，只有在空氣中的65％左右而已。而且，光在玻璃中的行進速度 —— 即折射角度，會依波長（顏色）不同而有些微的差異。**因此，白色的太陽光進入三稜鏡之後，不同波長（顏色）產生的折射角度差異，會導致光被分解成彩虹般的七種顏色。**就像這樣，光依各種波長（顏色）分解的現象，稱為「色散」。

雨後高掛天空的彩虹也是光的色散現象，不過分解彩虹的是懸浮於空氣中的無數水滴而非三稜鏡。

分解太陽光

光會根據波長呈現不同的顏色。不同的波長（顏色）在玻璃中的行進速度不一樣，所以能夠透過三稜鏡將太陽光分色。

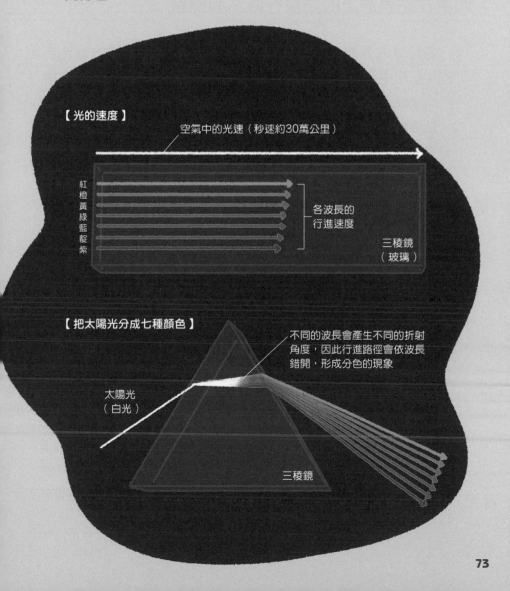

【光的速度】

空氣中的光速（秒速約30萬公里）

紅橙黃綠藍靛紫

各波長的
行進速度

三稜鏡
（玻璃）

【把太陽光分成七種顏色】

不同的波長會產生不同的折射角度，因此行進路徑會依波長錯開，形成分色的現象

太陽光
（白光）

三稜鏡

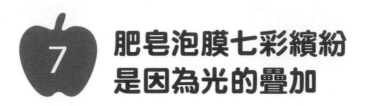

7 肥皂泡膜七彩繽紛是因為光的疊加

照射在肥皂泡上的光會行經不同路徑

肥皂或洗潔劑遇水溶解時產生的肥皂泡，原本是透明無色的。可是當肥皂泡飄到空中，就會變成如彩虹般色彩繽紛的模樣，這種現象也和光是一種波有關。

光照射在肥皂泡上時，有部分在肥皂泡膜的表面產生反射，有部分進入膜內。而進到膜內的光，又有一部分在膜的底面反射，再從膜的表面穿透出來。**也就是說，兩道行經不同路徑的光在泡膜表面匯合，然後進到我們的眼睛（右圖上方）。**

兩道光的疊加有增強有減弱

在膜底面反射的光所行進的距離，比在表面反射的光稍微長一點，這會使匯合的兩道光波「波峰和波谷的位置」（相位）偏離，進而產生增強或減弱的效果。波峰和波峰疊加的波會增強，波峰和波谷疊加的波則會減弱（右圖下方），這種現象稱為「干涉」。

肥皂泡的表面之所以會色彩繽紛，是因為我們看到了因干涉而增強的光的顏色。依據光反射的位置、觀看角度的不同，增強的光的波長（顏色）會有些微的變化，因而呈現出彩虹般的模樣。

在肥皂泡膜的干涉現象

在肥皂泡的表面，行經不同路徑的光會發生干涉。依據波長（顏色）的不同，干涉發生的位置及角度會不一樣，使得肥皂泡呈現出繽紛的色彩。

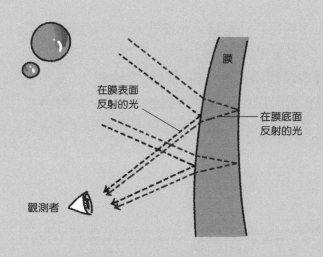

膜

在膜表面反射的光

在膜底面反射的光

觀測者

光在肥皂泡膜發生的干涉現象
在肥皂泡膜的表面，兩道行經不同路徑的光發生干涉，使得特定波長（顏色）的光增強或減弱，再傳到觀測者的眼睛。

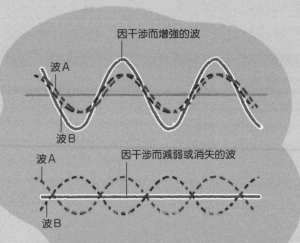

因干涉而增強的波

波A

波B

因干涉而減弱或消失的波

波A

波B

增強的干涉和減弱的干涉
當波A和波B這兩個波發生干涉時，如果波峰對波峰、波谷對波谷疊加，光波就會增強（上半部）；如果是波峰和波谷疊加，則會減弱（下半部）。

75

8　聲音會繞過牆壁傳遞出去

波遇到障礙物會繞過去

　　有時候，雖然無法直接看到牆壁另一邊的人，但是能夠聽見對面傳來的聲音，會發生這種現象的原因在於聲音是一種波。

　　波具有遇到障礙物會繞過去的性質，稱為「繞射」。基本上而言，波的波長越長，就越容易發生繞射的現象。人的聲音波長為 1 公尺左右，屬於比較長的波，所以具有容易繞過牆壁及建築物的性質。

光幾乎不會發生繞射

　　繞射在行動電話的通訊方面也有很大貢獻。行動電話的電波波長為數十公分到將近 1 公尺。**這種程度的波長容易繞過牆壁、建築物等障礙物，所以即便是像建築物後面這類無法直接看見的地方，從轉送電波的基地臺發出的電波也能夠傳到。**

　　另一方面，光（可見光）的波長為0.0004～0.0008毫米。由於波長比較短，在日常生活中幾乎不會發生繞射，所以才會形成陰影。如果光容易繞射的話，那麼連原本陽光照不到的建築物背面，陽光也能繞個彎照進去，也就不太會形成陰影了。

聲音的繞射

人聲的波長為0.5～1公尺。實際的聲音是在三次元空間傳播，所以除了牆壁側面之外，也會從牆壁上方繞過去。

誰來
幫幫忙啊！

女性發出的
聲音（聲波）

聲音繞過牆壁
傳播出去

9 天空一片蔚藍是因為空氣散射藍光

撞擊微小粒子的光往四面八方飛散

想必有許多人看過從樹葉或雲隙之間灑落的「光線」吧！**這些光是太陽光撞擊塵埃、水滴等微小粒子之後，往四面八方飛散所呈現的景象。**光往四面八方飛散的現象稱為「散射」，如果沒有塵埃等微小粒子引發散射，便看不到「光線」。

空氣分子使光散射

藍色和紫色的光比較容易被空氣分子散射。因此，仰望天空時，是散射的藍光進到眼睛。

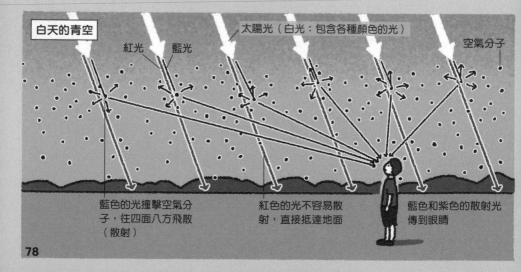

白天的青空

太陽光（白光：包含各種顏色的光）

紅光　藍光

空氣分子

藍色的光撞擊空氣分子，往四面八方飛散（散射）

紅色的光不容易散射，直接抵達地面

藍色和紫色的散射光傳到眼睛

青空和晚霞都是光散射造成的景象

　　光的散射使得天空一片蔚藍，是因為空氣分子造成太陽光微微地散開。已知當光的波長越短，空氣分子越容易使其散射。**由於藍色及紫色的波長較短，所以不管朝天空的哪個方向看去，藍光和紫光都能傳到眼睛。**

　　另一方面，黃昏的天空往往一片火紅。此時的太陽沉落到接近地平線的位置，陽光在傳到我們的眼睛之前，必須在大氣層中行進比較長的距離。波長較短的光比較早（在非常遠的地方）被散射掉，所以幾乎不會傳到眼睛。而紅色的光（波長較長的光）則是在比較近的天空才被散射，所以黃昏的天空看起來紅通通的。

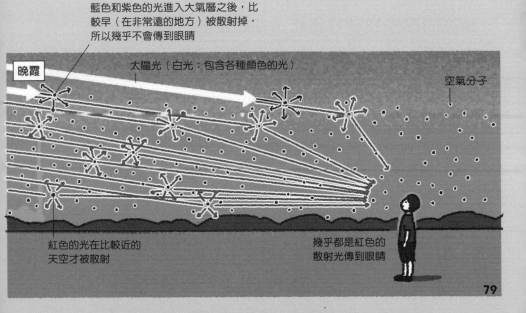

藍色和紫色的光進入大氣層之後，比較早（在非常遠的地方）被散射掉，所以幾乎不會傳到眼睛

晚霞

太陽光（白光：包含各種顏色的光）

空氣分子

紅色的光在比較近的天空才被散射

幾乎都是紅色的散射光傳到眼睛

地震時，越高的建築物越容易緩緩搖晃

物體各有其容易搖晃的週期和頻率

波和振動有個十分有趣的特徵。舉例來說，有一條往水平方向拉伸的橫繩，上面垂吊著多個長度各異的單擺，若擺動其中一個單擺，只有長度相同的單擺會跟著開始擺動（右圖）。

一般來說，物體具有與其大小相應的容易搖晃的週期和頻率，稱為「固有週期」和「固有頻率」。在單擺的實驗中，最早擺動的單擺其晃動會透過繩索傳給其他單擺，其中，只有長度相同而具有相同固有週期的單擺其晃動受到增幅，這個現象稱為「共鳴」或「共振」。

越高的建築物越容易和週期緩慢的地震波共振

相隔一段距離放置兩支音叉，當敲響其中一支，另一支音叉也會跟著發出聲音，這也是一種共振。**此外，地震時，地震波和建築物的共振會使災害擴大。**建築物的固有週期大致上是「固有週期＝建築物層數×0.1（〜0.05）」。如果是50層的高樓，即可算出固有週期為 5〜2.5秒。越高的建築物越容易和週期緩慢的地震波共振，發生劇烈搖晃。

共振引發的大幅振動

在長度各異的單擺當中，若先擺動其中一個，只有長度相同的單擺會跟著開始擺動，這就是共振。地震時亦同，和地震波發生共振的建築物會劇烈搖晃。

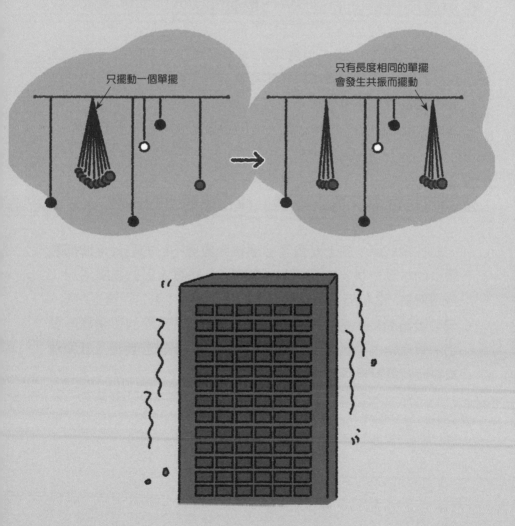

只擺動一個單擺

只有長度相同的單擺會發生共振而擺動

小提琴的弦上會出現「不行進的波」

在原處反覆振動的波 ──「駐波」

　　一般所說的「波」，會如同海浪那樣朝著某個固定方向行進。**但是，若是在像小提琴這樣兩端固定的弦上所產生的波，就只會在原處反覆振動而不會行進**，這種波稱為「駐波」。駐波由大幅振動的「波腹」和完全不會振動的「波節」所構成。

樂器的音色取決於「基音」和「泛音」的比例

　　如右圖所示，弦上產生了多個波節數量不同的駐波。波節數最少的振動所發出的音稱為「基音」，隨著波節數逐漸增加，分別稱為「2倍音（第一泛音）」、「3倍音（第二泛音）」等。波節數量越多，則頻率越大（聲音越高）。實際的弦樂器所發出的聲音是由基音和泛音組合而成，**各種樂器的獨特音色取決於基音和泛音是以何種比例所構成**。

駐波創造出音樂

奏弦產生的波在兩端之間反覆反射，朝右和朝左行進的波疊加在一起，結果產生了不行進的波 ——「駐波」。駐波可依波節和波腹的數量作分類。

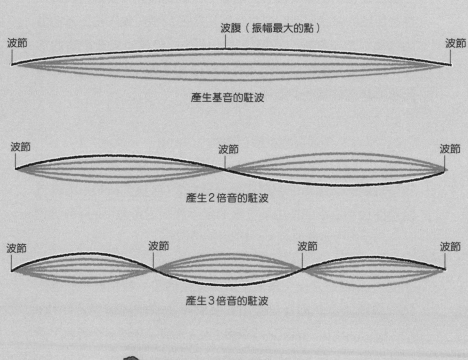

波腹（振幅最大的點）

波節 波節

產生基音的駐波

波節 波節 波節

產生2倍音的駐波

波節 波節 波節 波節

產生3倍音的駐波

遭到禁止的衝浪

衝浪是使用衝浪板乘浪的運動，據說起源於大溪地和夏威夷等地所屬的玻里尼西亞群島。最初是島民乘坐獨木舟出海捕魚的行為，但不知從何時開始演變成了純粹享受乘浪樂趣的活動。雖然確切的時間不得而知，不過一般認為衝浪的雛形在西元400年左右就出現了。

1778年，英國探險家庫克船長（James Cook，1728～1779）來到夏威夷，成為第一個目睹衝浪的歐洲人。在那之後，從歐洲遠道而來的眾傳教士自1821年起開始禁止衝浪活動，而他們主張的理由為「衝浪是不道德的遊戲」。傳教士們從人們手中搶走衝浪板，一把火燒個精光。

進入20世紀之後，衝浪在夏威夷復活了。特別值得一提的是，奧運游泳100公尺自由式金牌得主卡哈那摩克（Duke Kahanamoku，1890～1968）於1920年在威基基首創了衝浪俱樂部，致力於推廣衝浪活動。

4. 維繫生活的「電」與「磁」

利用電來運作的機器與我們的日常生活密不可分。之所以能夠做出各式各樣的電氣產品，是因為人們對於電與磁的理解越來越深入的緣故。第 4 章將會說明發電機的構造、馬達的原理等等，同時介紹電與磁的基本性質。

電和磁是相似的東西

利用電力使頭髮豎起來

如果拿塑膠墊板在頭髮上摩擦幾下後再舉起，頭髮就會豎起來。**此時的墊板上有負電聚集，而頭髮上有正電聚集，造成正電和負電互相吸引的現象。**引起這種電現象的物質稱為「電荷」，正的電荷（正電荷）和負的電荷（負電荷）會互相吸引，同為正電荷或同為負電荷的話則會互相排斥。這種因電荷而生的力稱為「靜電力」，當其中一方的電荷在周圍空間製造出「電場」，另一方的電荷就會因此而受力。

磁極也會互相吸引或排斥

磁鐵也會互相吸引或排斥。磁鐵的N極和S極會互相吸引，而同為N極或同為S極則會互相排斥。這種由磁極產生的力稱為「磁力」，當其中一方的磁極在周圍空間製造出「磁場」，另一方的磁極就會因此而受力。

電荷之間或磁極之間的距離越遠，互相作用的力越會急遽地減弱。**已知靜電力和磁力的大小都是「與距離的平方成反比」，**而且電力和磁力的作用方式非常相似。

電與磁

靜電力在物體相隔越近時作用越大，磁力也是越靠近作
用越大。電力和磁力非常相似。

電荷製造的電場示意圖

電荷　靜電力

靜電力

電荷

電荷

電場

此處僅畫出中央電荷製
造的電場。電場離電荷
越遠則越弱，所以離中
央電荷越近的電荷會受
到越大的靜電力。

磁極製造的磁場示意圖

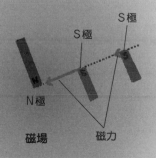

S極

S極

S

S

N

N極

磁場

磁力

此處僅畫出中央N極製
造的磁場。磁場離磁極
越遠則越弱，所以離中
央N極越近的S極會受
到越大的磁力。

2 手機會發熱是因為導線中的原子在振動

電流的本質是「電子」的流動

平常用得理所當然的電視和手機如果沒有電,就只是一塊普通的板子。這裡所說的電,講得精確一點是指在電線等導體裡面流動的電流,**而電流的本質,就是帶負電的粒子「電子」的流動。**不過,要特別注意在談及「電流的方向」時,是指和電子移動方向相反的方向。

電子的移動會受到金屬原子的阻礙

操作手機時,有時候機身會發熱,這和手機內部的電流流動難易度「電阻」有關。

在手機內部導線中流動的電子會撞擊構成導線的金屬原子,導致電子的移動受到阻礙,這就是電阻的成因。此時的原子受到振動,也就是會產生熱,即電子的動能有一部分轉換成了熱能(原子的振動)。

電阻的大小依物質的不同而定,電子撞擊原子越頻繁(電阻越大),就會產生越多的熱。此外,導線(金屬)的溫度越高,原子的振動越劇烈,越容易與電子發生碰撞,也就是電阻會變大。

手機發熱的真相

在導線中流動的電子會受到構成導線的金屬原子阻礙。
因此，電子的動能有一部分轉換成了金屬原子的振動，
也就是熱的來源。

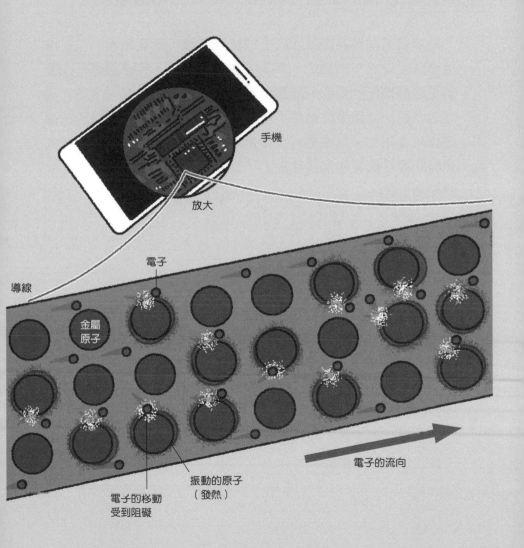

手機

放大

電子

導線

金屬
原子

電子的流向

振動的原子
（發熱）

電子的移動
受到阻礙

導線通上電流後會變成磁鐵

把導線繞在鐵芯上捲成線圈，製成「電磁鐵」

　　能把紙張貼在黑板或冰箱上的普通磁鐵，即使經過一段很長的時間也不會失去磁力，稱為「永久磁鐵」。**另一方面，在廢料工廠等處所使用的，則是名為「電磁鐵」的磁鐵。**所謂的電磁鐵，是把導線繞在鐵芯上捲成線圈製成的裝置，導線通電後便會產生磁力。電磁鐵有很多優點，例如產生強大磁力的過程比較簡單、斷電便能消除磁力，以及通入反方向的電流就能反轉磁極等等。

電流會產生「磁場」

　　電流和磁力之間具有密切的關係。**導線通電後，就會產生圍繞著導線的「磁場」，**電磁鐵便是善用這個磁場的產物。

　　藉著電流產生的磁場強度，會與電流強度及導線的圈數成正比。截斷電流的話磁場便會消失，不再具有磁鐵的作用。即使沒有鐵芯也能產生磁力，但放入鐵芯能夠使磁力增強。

　　圖中以「磁力線」來表示磁場的方向和強度，磁力線越密集的地方代表磁場越強。

電流創造出電磁鐵

把導線繞在鐵芯上捲成線圈，就可以製成電磁鐵。導線
通電後，會產生如圖所示的磁場，電磁鐵便是善用電流
產生之磁場的產物。

1.

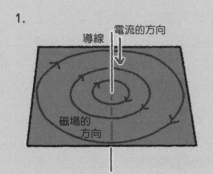

在直線電流周圍產生的磁場
磁場圍繞著導線產生，方向朝著電流行進
的方向順時針旋轉（右手螺旋定則）。

2.

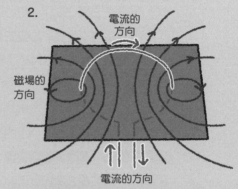

在環狀電流周圍產生的磁場
把導線捲成環狀，再通入電流，會製造出
如上圖所示的磁場。

3.

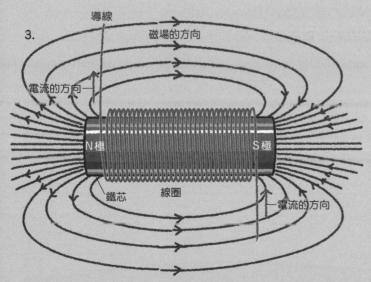

電磁鐵產生的磁場
把導線捲繞在鐵芯上並增
加導線的圈數，便能產生
如圖所示的磁場，這就是
電磁鐵。

93

牛的胃裡放有磁鐵

人類從大約8000年前開始養牛作為家畜，並且共同生活至今。在如此悠久的飼養歷史中，培養出不少令人驚奇的飼育技術，其中之一就是「牛胃磁鐵」。

野生的牛只吃草，但光吃草會有鐵質攝取不足的問題，因此牛隻具有吞食含鐵質的閃亮石塊的習性。**變成家畜的牛仍然保有這個習性，所以經常吞食尖銳的鐵釘或鐵片。**這些東西如果刺穿胃，最嚴重的狀況可能導致牛隻猝死。

為了防止上述情形發生，飼主會在小牛出生後 4 個月大左右，使其吞食特製的磁鐵。**牛吃下的鐵會吸附在這個磁鐵上，所以能夠降低胃部受傷的危險。**當磁鐵吸附了許多鐵之後，再用更強的磁鐵把牛胃磁鐵從胃裡取出來，讓牛吞食新的磁鐵。

4 發電廠藉由轉動磁鐵來產生電流！

當磁鐵靠近線圈就會產生電流

我們日常生活中使用的電是發電廠製造出來的。製造電流的機制出乎意料地簡單，**只要使磁鐵逐漸靠近或遠離線圈，就可以讓線圈產生電流，**這個現象稱為「電磁感應」。磁鐵靠近或遠離線圈時，線圈中的電流流向在這兩種狀況下相反。此外，移動磁鐵的速率越快，所產生的電流就越大。而線圈的圈數越多，電流也越大。

利用蒸氣的力轉動磁鐵

發電廠便是利用這個原理產生電流。以火力發電廠為例，首先燃燒石油或天然氣把水煮沸，製造高壓水蒸氣，然後把水蒸氣送進渦輪機使其轉動。渦輪機的機軸前端裝有磁鐵，磁鐵會隨著渦輪機一起轉動。**在磁鐵的周圍安置線圈，就能夠利用磁鐵的轉動促使線圈產生電流。**

發電的原理是電磁感應

當磁鐵逐漸靠近或遠離線圈時，會使線圈產生電流，這個現象稱為「電磁感應」。發電廠基本上就是利用這個機制來發電。

磁鐵靠近線圈時
當磁鐵靠近線圈，線圈就會產生電流。若以微觀角度來看，就是導線內的電子由於磁場變化而移動。

磁鐵遠離線圈時
當磁鐵遠離線圈，線圈也會產生電流，不過流向和磁鐵靠近線圈時相反。

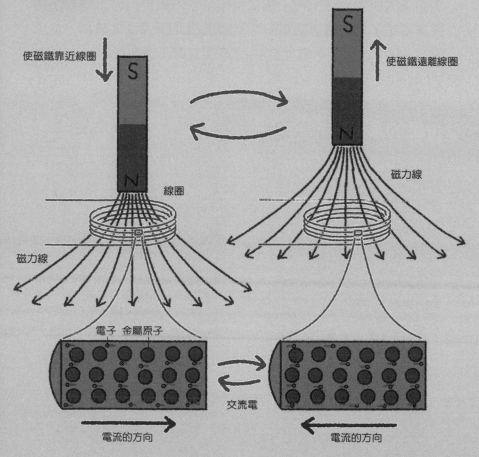

使磁鐵靠近線圈

使磁鐵遠離線圈

線圈

磁力線

磁力線

電子 金屬原子

交流電

電流的方向

電流的方向

5 家庭用電的電流
一直在交互改變流向

電分為兩種：交流電和直流電

　　一般而言，發電廠是利用發電機磁鐵（或線圈）的旋轉運動來產生電流（下圖）。此時的磁鐵（或線圈）每旋轉半圈，電流的流向便會反轉一次。**也就是說，在發電廠製造出來並送往家庭的電，其電流流向會有週期性的變化**，這種電稱為「交流電」。另一方面，乾電池產生的電流流向不會有變化，這種電

交流電的電流方向會改變

假設往左流的電流為正，往右流的電流為負，交流電的電流如圖所示。交流電有週期性的變化，因而呈現出規律的波形。

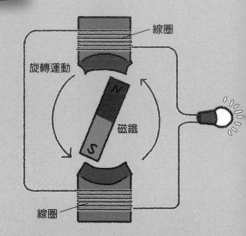

線圈

旋轉運動

磁鐵

線圈

利用旋轉運動發電
磁鐵（或線圈）每旋轉 1 圈，電流就會在與線圈連結的迴路中朝左、右的方向各流轉 1 次。許多機器利用這樣的機制來發電，常見的自行車車燈就是一個例子。

稱為「直流電」。

東日本和西日本的頻率不一樣

交流電的週期性變化在 1 秒鐘內反覆發生的次數稱為「頻率」，單位是赫茲（Hz）。

臺灣所用的標準交流電為60赫茲，是依據美國的標準。不過，**在日本的東半部和西半部，家庭用電的頻率並不相同。**發電廠所送的電流在東日本為50赫茲，在西日本則為60赫茲。這是因為日本在明治時代建立電力網之初，東京採用德國製發電機，而大阪採用美國製發電機的緣故。

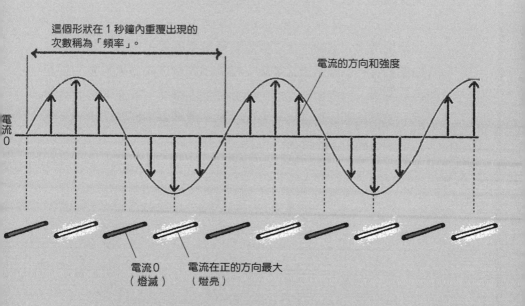

這個形狀在 1 秒鐘內重覆出現的次數稱為「頻率」。

電流的方向和強度

電流
0

電流0
（燈滅）

電流在正的方向最大
（燈亮）

日光燈會隨著交流電的週期性變化，反覆地點亮及熄滅。

插座的孔洞左右不一

仔細看看家裡都會有的插座吧！其實，一般插座的左右兩孔大小並不相同。左邊插孔長為9毫米，右邊插孔長為7毫米，左邊比右邊還要長2毫米。

專業上來說，左邊的插孔稱為「cold」（俗稱水線或中性線），右邊的插孔稱為「hot」（俗稱火線）。如果把插頭插入插座，電流會從插入右孔火線的插頭流出，使電器運作，再流向左孔水線。一般的家用電器無論插哪個方向都能使用，但也有一些機器必須多加留意，不能插錯方向。

像是電視、電腦、音響等對雜訊敏感的電子機器，有些會在插頭的某一側配備接地功能，能夠避開會造成雜訊的電。在這種狀況下，具備接地功能的插頭會加上標誌，或在電線上塗白線。這種插頭如果使用的方向正確，就能發揮接地功能，因此插插頭時務必注意哦！

6 利用「弗萊明左手定則」理解施加於導線的力

放在磁鐵旁邊的導線會受到力的作用

把導線放在磁鐵旁邊再通入電流，會發生有趣的事情 —— 導線竟然會受力而移動。

當導線中有電流流過時，分別垂直於磁場方向及電流方向的方向會受到力的作用。**關於電流、磁場、力的方向，可以利用「弗萊明左手定則」來簡單地了解。**把左手的中指、食指、拇指朝相互垂直的方向伸出後，以中指代表電流的方向，食指代表磁場的方向（從N極往S極的方向），則拇指所指的方向即為對導線作用的力的方向。依照中指、食指、拇指的順序，記住「電、磁、力」就行了。

在磁場中移動的電子會受力

實際上，力所作用的對象是導線中的電子。對微小粒子作用的力集結起來，就會成為能使導線移動的巨大力量。**不光是電子，但凡帶電荷的粒子在磁場中移動，都會受到力的作用，而這個力稱為「勞侖茲力」。**

施加於導線的力

把導線放在磁鐵的磁極之間再通入電流，則分別垂直於電流方向及磁場方向的方向會受到力的作用。電流、磁場、力的方向，利用「弗萊明左手定則」就能很容易理解。

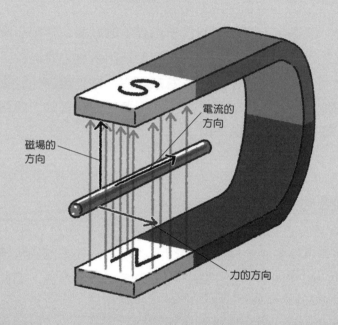

電流的方向

磁場的方向

力的方向

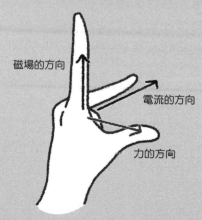

磁場的方向

電流的方向

力的方向

103

線圈旋轉 即可成為馬達！

馬達運作的基本原理

　　近年來，電動車的開發可謂日新月異。電動車和使用引擎的傳統汽車最大的差異在於，電動車轉動輪胎的動力源自於「馬達」的使用。**馬達是一種使用電力來產生旋轉等運動的裝置，**其運作的基本原理就是前頁介紹的「把導線放在磁鐵旁邊再通入電流，導線會受到力的作用」。

將電能轉換成動能

　　右頁繪有馬達機制的簡單示意圖。圖 1 中，先把線圈放置在磁鐵之間（磁場內），再沿著ABCD的方向通入電流。如此一來，線圈的AB部分和CD部分的電流方向相反，所以會分別受到相反方向的力作用，造成線圈朝逆時針方向旋轉。**當轉動超過圖 2 的位置時，利用裝設於線圈基部的「整流器」，線圈中的電流就會變成沿著DCBA的方向流動。**於是作用於AB和CD的力變成如圖 3 所示，使線圈持續朝相同方向轉動，馬達即是這樣將電能轉換成動能的。

馬達的機制

圖為馬達旋轉的機制。導線中有電流流動時會受到力的
作用，利用該力就能驅動馬達旋轉，藉此可以把電能轉
換成動能。

1

如右圖所示，線圈中的電流沿著ABCD
的方向流動時，導線的AB和CD部分會
分別受到相反方向的力作用，驅使線圈
朝逆時針方向旋轉。

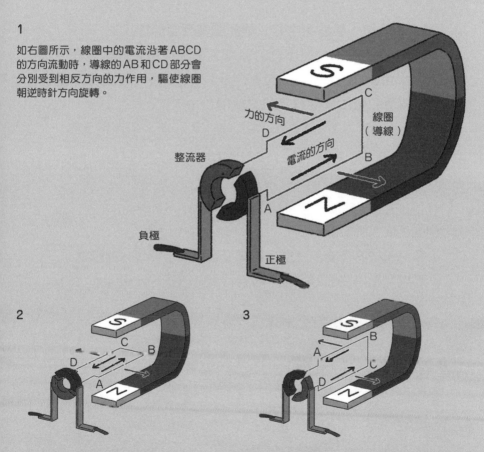

2

導線從圖1旋轉大約90度時，力雖然沒
有仕驅使線圈旋轉的方向上作用，但是仍
會藉由旋轉的力道持續旋轉。

3

導線從圖1旋轉超過90度時，利用整流器可
使電流反轉，變成沿著DCBA的方向流動，
使線圈持續沿著相同方向旋轉。

8 電和磁產生出光

統合電和磁的「電磁學」

電會產生磁，磁會產生電，**電和磁會互相影響**。

電和磁原本被認為是不同的領域，不過英國物理學家馬克士威（James Clerk Maxwell，1831～1879）建立了「電磁學」，將電和磁的學問統合起來說明。

電磁波的本質

電流流動時會產生磁場，磁場又會製造出電場。就這樣，電場和磁場的連鎖如波一般地行進，這就是電磁波。

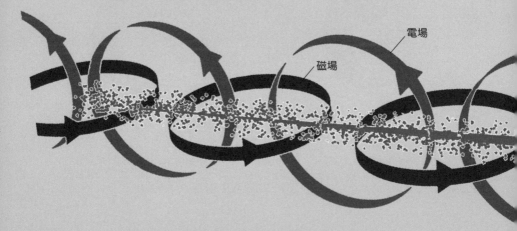

電場

磁場

電磁波的行進速率和光速的值相同

　　像交流電這種會改變方向的電流在流動時，周圍會產生變動的磁場，接著又會產生繞著該磁場變動的電場。**結果就造成電場和磁場互相連鎖地產生，如波一般地行進，**馬克士威把這個波命名為「電磁波」。

　　馬克士威並沒有直接測量電磁波的行進速率，而是依據理論進行計算。求出的結果為秒速約30萬公里，和當時藉由實驗得知的光速值一致，馬克士威於是依此判斷電磁波和光是相同的東西。

光是電場和磁場連鎖產生
並行進的一種電磁波咩！

電磁波（光）

電鰻不是鰻魚

電鰻是一種棲息在南美淡水水域的夜行性肉食魚，**長度超過2公尺，能利用體內的「發電器官」來產生電力。**發電器官為板狀，數量多達50萬片左右。

電鰻產生的電能威力足以殺死鄰近的馬匹和人類。每次放電的瞬間大約是1000分之3秒，反覆放電的話效果可達半徑1公尺左右的範圍。這項特殊能力不只是為了捕獲獵物，也能用來抵禦鱷魚等天敵來襲，或者和同類溝通。

電鰻的名字常令人誤以為牠們是鰻魚（鰻鱺目）的同類，**但其實電鰻屬於電鰻目，在分類上和鰻魚完全不同。**也就是說，電鰻並不是鰻魚。也有人因其外形而稱之為刀魚。

建立電磁學的安培※

表示電流大小的單位「安培」

是為了紀念電磁學的創始者之一安德烈－馬里・安培而命名

1775年安培出生於法國

據說他在小小年紀還不認識數字時，就懂得以石子和餅乾來進行計算

1820年9月11日他聽說有人發現

在通電的導線附近，指南針的指針會發生振盪

因此，安培潛心投入電和磁的相關研究

統整並發表了右手螺旋定則等重要法則，奠定了日後電磁學的基礎

※：André-Marie Ampère，1775～1836

諾貝爾獎得主勞侖茲※

在電磁場中運動的帶電粒子所受的力稱為「勞侖茲力」

為了紀念1853年生於荷蘭的物理學家亨德里克・勞侖茲而命名

他早在24歲就成了萊登大學理論物理學教授

埋首研究電磁學，並且深入探究電、磁、光的關係

1902年，獲頒諾貝爾物理學獎

除了勞侖茲力以外，其功績還包括了勞侖茲分佈、勞侖茲轉換等，都以他的名字來命名

愛因斯坦也曾受惠於勞侖茲的理論

並表示：「勞侖茲是我一生中遇過最重要的人物。」

※：Hendrik Antoon Lorentz，1853～1928

5. 構成萬物的 「原子」本質

我們周遭的一切物質都是由原子所構成。透過探求原子本質的過程能使我們逐漸了解，在微觀世界中會發生憑藉過往常識難以想像的現象。第5章將介紹構成原子的「電子」和「原子核」的特性等。

原子的大小只有 1000萬分之1毫米

空氣、生物和我們都是原子的團塊

　　一般的物質都是由「原子」所構成。地球的空氣也好、生物也罷，都是由原子所構成，包括我們自己也都是原子的團塊。平常之所以對這些事情沒有什麼感覺，是因為原子非常微小的緣故。原子的平均大小只有1000萬分之1毫米左右，也就是當高爾夫球放大到跟地球一樣大時，原本的高爾夫球大小就相當於原子。

物體由數量龐大的原子及分子集結而成

　　原子非常微小，日常所見的物體是由數量龐大的原子及分子聚集而成。**1小匙（5毫升）水所含的水分子（1個氧原子＋2個氫原子）的數量，就有大約1.7×10^{23}個（17億個的10億倍再10萬倍）。**

　　地球的總人口有70億人左右，而在太陽系所屬的銀河系中有大約1000億個恆星存在。假設每個恆星都擁有一個像地球這樣的行星，而且上頭住著和地球一樣多的人，算一算也才7×10^{20}人而已。1小匙水所含的分子數量，比這個數字大了200倍左右。

原子的大小和數量

原子的大小為10^{-10}公尺（1000萬分之1毫米）左右，地球之於高爾夫球的大小，等同於高爾夫球之於原子的大小。1小匙（5毫升）水所含的水分子（1個氧原子＋2個氫原子）有大約$1.7×10^{23}$個（17億個的10億倍再10萬倍）。

高爾夫球 ○

地球

原子 ○

高爾夫球

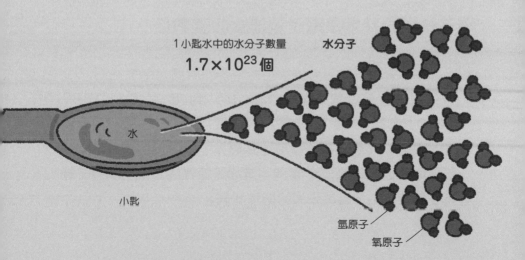

1小匙水中的水分子數量
$1.7×10^{23}$個

水分子

水

小匙

氫原子

氧原子

電子的本質是波!?

電子只能存在於特殊的軌域上

在原子的中心有一個帶正電的「原子核」，其周圍有帶負電的「電子」在繞轉。人們是在20世紀初得知原子是這副模樣。

不過，當時對於發現的原子樣貌還是存有一些疑問。已知在一般狀況下，電子如果做圓周運動，會釋放出電磁波而失去能量。因此，繞著原子核轉動的電子理應會逐漸失去能量而往原子核墜落才對。對於這個問題，丹麥物理學家波耳（Niels Henrik David Bohr，1885～1962）主張，繞著原子核轉動的電子只能存在於不連續的特殊軌域上，而且只有從外側的軌域轉移到內側的軌域時才會放出電磁波。

電子軌域的長度是電子波波長的整數倍

那麼，為什麼電子只能存在於特殊的軌域上呢？

法國物理學家德布羅意（Louis de Broglie，1892～1987）懷疑：「電子是否也具有波的性質呢？」假設電子具有波的性質，而電子軌域長度恰好為電子波波長的整數倍的話，那麼電子波繞行軌域 1 圈時，波剛好能夠接起來。這個時候，電子就會是不放出電磁波的穩定狀態。

適合電子的軌域

繞著原子核轉動的電子只能存在於不連續的特殊軌域上。
只有在長度恰好是電子波波長的整數倍的軌域上，電子才
能存在。

氫原子的電子軌域

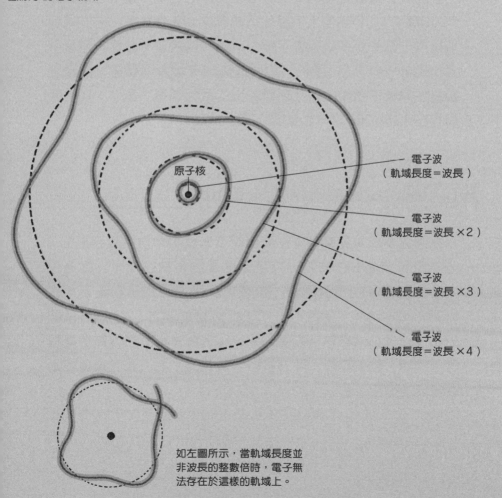

原子核

電子波
（軌域長度＝波長）

電子波
（軌域長度＝波長×2）

電子波
（軌域長度＝波長×3）

電子波
（軌域長度＝波長×4）

如左圖所示，當軌域長度並
非波長的整數倍時，電子無
法存在於這樣的軌域上。

3 太陽內部在進行氫原子核的核融合反應

氫原子核在太陽內部碰撞、融合

太陽為什麼會發光呢？太陽的主要成分是氫，其中心是大約1500萬℃、2300億大氣壓的超高溫暨超高壓狀態。在這樣的環境中，氫的原子核和電子會分散而四處飛竄。於是，便發生了所謂的「核融合反應」，**由4個氫原子核劇烈碰撞、融合之後產生氦原子核。** 由該反應釋放出的巨大能量，能使太陽表面保持在大約6000℃，並發出明亮的光輝。

藉由核融合反應把質量轉換成能量

核融合反應為什麼會產生能量呢？若比較核融合反應前的4個氫原子核之質量總和，以及反應後的氦原子核和反應過程中產生的粒子之質量總和，會發現反應後的質量變輕了大約0.7%。1905年，愛因斯坦根據相對論推導出「$E=mc^2$」的公式，這個公式意味著能量（E）和質量（m）在本質上是相同的東西。**也就是說，經過核融合反應減少的質量轉換成使太陽發光的能量了。**

太陽的核融合反應

在太陽內部持續發生著核融合反應，由 4 個氫原子核碰撞、合併之後產生氦原子核。反應後減少的質量被轉換成了巨大的能量並釋放出來。

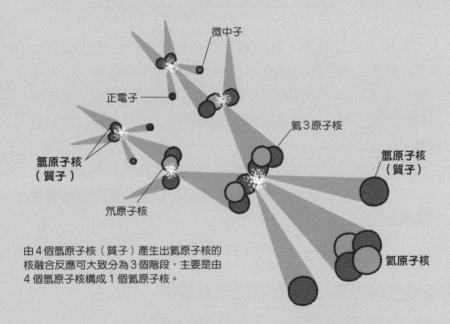

微中子

正電子

氦3原子核

氫原子核
（質子）

氘原子核

氫原子核
（質子）

氦原子核

由 4 個氫原子核（質子）產生出氦原子核的核融合反應可大致分為 3 個階段，主要是由 4 個氫原子核構成 1 個氦原子核。

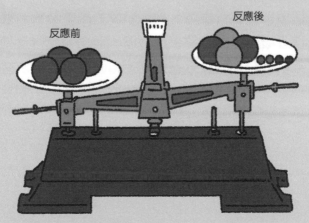

反應前

反應後

4 核能發電是利用鈾原子核的核分裂反應

核分裂反應也會產生巨大的能量

大型原子核分裂的「核分裂反應」也是會產生巨大能量的反應。例如，鈾235這種原子的原子核，如果吸收了1個中子（構成原子核的電中性粒子）就會變得不穩定，進而分裂成兩個較輕的原子核 —— 例如碘139和釔95等，並且會產生巨大的能量。

這時，如果比較反應前後的質量總和，會發現反應後變輕了0.08%左右。和核融合反應一樣，減少的質量會轉換成能量釋放出來。

在核反應器內部進行連鎖核分裂反應

利用這個能量進行發電，就是所謂的核能發電。在核反應器內部，核分裂發生之際會放出中子，該中子又被其他的鈾235吸收，產生連鎖性的核分裂反應。這時釋出的能量會產生熱，利用這個熱就能夠煮沸包圍著燃料的水，製造高溫高壓的蒸氣，驅使發電機的渦輪機轉動。

核反應器內部的核分裂反應

鈾235的原子核如果吸收了1個中子會變得不穩定，進而分裂成兩個較輕的原子核。該反應發生後，質量會有所減少，核能發電便是利用依此而生的巨大能量來發電。

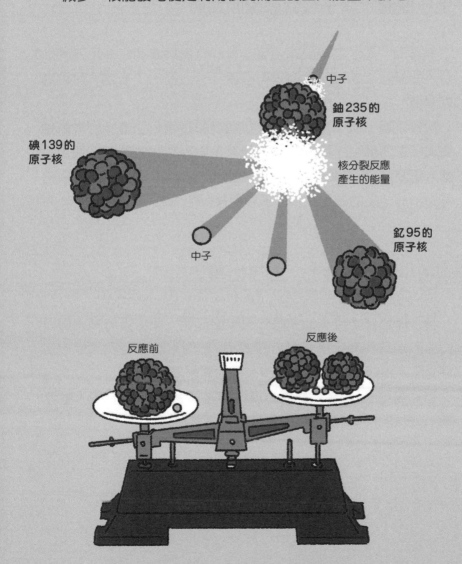

中子

鈾235的
原子核

碘139的
原子核

核分裂反應
產生的能量

釔95的
原子核

中子

反應前

反應後

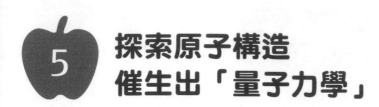

探索原子構造
催生出「量子力學」

一進行觀測，電子波就會瞬間塌縮

事實上，電子之類的微小粒子會同時兼具波和粒子兩方的性質，即波粒二象性。針對這個事實，有人提出了下述不可思議的想法。

舉例來說，當沒有對電子進行觀測的時候，它會保持波的性質廣布於空間中，可一旦採取照射光線等方式對其進行觀測的話，電子波就會瞬間塌縮，形成集中於一處的「針狀波」。這個集中於一點的波，在我們眼裡看來就如同粒子一樣。

描述微小粒子特性的「量子力學」

為了探究微小粒子的波是什麼樣的形狀、會隨著時間如何變化的方程式稱為「薛丁格方程式」。舉例來說，利用數學方法計算該方程式，就能夠求出原子內的電子軌域等等。

這種描述微小粒子特性的理論稱為「量子力學」或「量子論」，已經成為現代物理學的基礎理論之一。

波粒二象性

圖示為電子的狀態。沒有進行觀測時，電子保持波的性質廣布於空間中（上）。但要是照射光線進行觀測的話，電子波會瞬間集中於某一處，成為我們所認知的粒子（下）。

觀測前

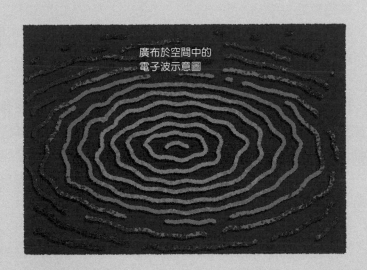

廣布於空間中的
電子波示意圖

剛觀測時

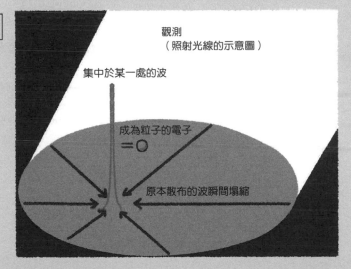

觀測
（照射光線的示意圖）

集中於某一處的波

成為粒子的電子
＝○

原本散布的波瞬間塌縮

愛因斯坦的腦袋很特別？

愛因斯坦（Albert Einstein，1879～1955）由於發表了相對論等等，在物理學領域留下了諸多革命性功績。在他死後，其腦還被取出來進行研究分析。

結果發現，位於腦部前方負責推理、計畫的部位「前額葉皮質」（prefrontal cortex，PFC）有許多皺摺，即該部位的表面積比較大。此外，連結左腦和右腦的「胼胝體」（corpus callosum）也比同世代或年輕的男性更厚。這意味著，左腦和右腦曾交互處理過許多資訊。

進一步詳細解析的結果顯示，他所具有的「神經膠細胞」（glial cell）數量是平均值的2倍左右。長年以來，人們一直認為神經膠細胞有支援腦神經細胞的功用，但近年開始認為可能與學習、深度思考有關。愛因斯坦的高度智慧或許與神經膠細胞有密切的關係。

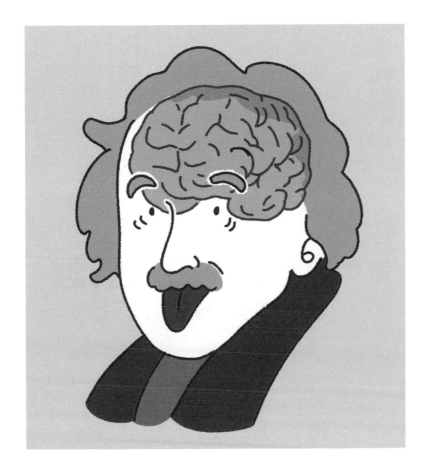

化學 化學／週期表
學習必備！基礎化學知識

　　化學是闡明物質構造與性質的學問。其研究成果在生活周遭隨處可見，舉凡每天都在使用的手機、商品的塑膠袋乃至於藥品，都潛藏著化學原理。

　　這些物質的特性又與元素息息相關，該如何應用得宜還得仰賴各種實驗與科學知識，掌握週期表更是重要。由化學建立的世界尚有很多值得探究的有趣之處。

數學 虛數／三角函數
打破理解障礙，提高解題效率

　　虛數雖然是抽象觀念，但是在量子世界想要觀測微觀世界，就要用到虛數計算，在天文領域也會討論到虛數時間，可見學習虛數有其重要性。

　　三角函數或許令許多學生頭痛不已，卻是數學的基礎而且應用很廣，從測量土地、建置無障礙坡道到「波」的概念，都與之有關。能愉快學習三角函數，就比較可能跟數學發展出正向關係。

【 觀念伽利略 05 】

物理
趣味無窮的物理現象

作者／日本Newton Press
特約主編／洪文樺
翻譯／黃經良
編輯／蔣詩綺
發行人／周元白
出版者／人人出版股份有限公司
地址／231028 新北市新店區寶橋路235巷6弄6號7樓
電話／（02）2918-3366（代表號）
傳真／（02）2914-0000
網址／www.jjp.com.tw
郵政劃撥帳號／16402311 人人出版股份有限公司
製版印刷／長城製版印刷股份有限公司
電話／（02）2918-3366（代表號）
經銷商／聯合發行股份有限公司
電話／（02）2917-8022
香港經銷商／一代匯集
電話／（852）2783-8102
第一版第一刷／2022年7月
定價／新台幣280元
　　　港幣93元

國家圖書館出版品預行編目（CIP）資料

物理：趣味無窮的物理現象
日本Newton Press作；黃經良翻譯. -- 第一版. --
新北市：人人出版股份有限公司, 2022.07
面；公分. —（觀念伽利略；5）
ISBN 978-986-461-293-2（平裝）
1.CST：物理學　2.CST：通俗作品

330　　　　　　　　　　　　　111007531

NEWTON SHIKI CHO ZUKAI SAIKYO NI
OMOSHIROI !! BUTSURI
Copyright © Newton Press 2019
Chinese translation rights in complex
characters arranged with Newton Press
through Japan UNI Agency, Inc., Tokyo
www.newtonpress.co.jp
●著作權所有・翻印必究●

....

Staff

Editorial Management　　木村直之
Editorial Staff　　　　　井手 亮
Cover Design　　　　　　岩本陽一
Editorial Cooperation　　株式会社 美和企画（大塚健太郎, 笹原依子）・青木美加子・今村幸介・寺田千恵

....

Illustration

表紙	羽田野乃花	37	羽田野乃花	66-67	Newton Press, 羽田野乃花
3~7	羽田野乃花	41~43	吉原成行さんのイラストを元に	69	羽田野乃花
11	Newton Press, 羽田野乃花		羽田野乃花が作成	71~83	Newton Press
13	富﨑NORIさんのイラストを元に	45	カサネ・治さんのイラストを元に	85~86	羽田野乃花
	羽田野乃花が作成		羽田野乃花が作成	89~99	Newton Press
14~17	Newton Press	47	羽田野乃花	101	羽田野乃花
19	Newton Press, 羽田野乃花	48-49	Newton Press	103~105	羽田野乃花
21	Newton Press	51	Newton Press	106-107	Newton Press, 羽田野乃花
22-23	Newton Press, 羽田野乃花	52~55	Newton Press, 羽田野乃花	109~112	羽田野乃花
25	羽田野乃花	56~58	羽田野乃花	115~123	Newton Press
27	Newton Press	61	Newton Press	125	羽田野乃花
29	羽田野乃花	63	Newton Press, 羽田野乃花	126-127	Newton Press
31~35	Newton Press	65	Newton Press		